饮食
百科

蔬 菜

饮食百科编委会　编著

中国大百科全书出版社

图书在版编目（CIP）数据

饮食百科．蔬菜 / 饮食百科编委会编著．-- 北京：中国大百科全书出版社，2025.1. -- ISBN 978-7-5202 -1810-8

Ⅰ．TS2-49

中国国家版本馆 CIP 数据核字第 20243630LM 号

总 策 划：刘　杭　　郭继艳
策划编辑：张会芳
责任编辑：脱　凡
责任校对：闵　娇
责任印制：王亚青
出版发行：中国大百科全书出版社有限公司
地　　址：北京市西城区阜成门北大街 17 号
邮政编码：100037
电　　话：010-88390811
网　　址：http://www.ecph.com.cn
印　　刷：唐山富达印务有限公司
开　　本：710mm×1000mm　1/16
印　　张：10
字　　数：100 千字
版　　次：2025 年 1 月第 1 版
印　　次：2025 年 1 月第 1 次印刷
书　　号：ISBN 978-7-5202-1810-8
定　　价：48.00 元

总　序

这是一套面向大众、根植于《中国大百科全书》第三版（以下简称百科三版）的百科通俗读物。

百科全书是概要记述人类一切门类知识或某一门类知识的完备的工具书。它的主要作用是供人们随时查检需要的知识和事实资料，还具有扩大读者知识视野和帮助人们系统求知的教育作用，常被誉为"没有围墙的大学"。简而言之，它是回答问题的书，是扩展知识的书。

中国大百科全书出版社从 1978 年起，陆续编纂出版了《中国大百科全书》第一版、第二版和第三版。这是我国科学文化建设的一项重要基础性、标志性、创新性工程，是在百年未有之大变局和中华民族伟大复兴全局的大背景下，提升我国文化软实力、提高中华文化国际影响力的一项重要举措，具有重大的现实意义和深远的历史意义。

百科三版的编纂工作经国务院立项，得到国家各有关部门、全国科学文化研究机构、学术团体、高等院校的大力支持，专家、学者 5 万余人参与编纂，代表了各学科最高的专业水平。专家、作者和编辑人员殚精竭虑，按照习近平总书记的要求，努力将百科三版建设成有中国特色、有国际影响力的权威知识宝库。截至 2023 年底，百科三版通过网站（www.zgbk.com）发布了 50 余万个网络版条目，并陆续出版了一批纸质版学科卷百科全书，将中国的百科全书事业推向了一个新的高度。

重文修武，耕读传家，是我们中国人悠久的文化传承。作为出版人，我们以传播科学文化知识为己任，希望通过出版更多优秀的出版物来落实总书记的要求——推动文化繁荣、建设中华民族现代文明，努力建设中国式现代化强国。

为了更好地向大众普及科学文化知识，我们从《中国大百科全书》第三版中选取一些条目，通过"人居环境""科学通识""地球知识""工艺美术""动物百科""植物百科""渔猎文明""交通百科"等主题结集成册，精心策划了这套大众版图书。其中每一个主题包含不同数量的分册，不仅保持条目的科学性、知识性、准确性、严谨性，而且具备趣味性、可读性，语言风格和内容深度上更适合非专业读者，希望读者在领略丰富多彩的各领域知识之时，也能了解到书中展示的科学的知识体系。

衷心希望广大读者喜爱这套丛书，并敬请对书中不足之处给予批评指正！

《中国大百科全书》编辑部

"饮食百科"丛书序

　　食物是人类赖以生存和社会赖以发展的首要条件。由农业提供的食物大致可分为植物性食物和动物性食物两大类。植物性食物包括谷物、薯类、豆类、水果、蔬菜、植物油、食糖等；动物性食物包括家畜的肉和奶、家禽的肉和蛋以及鱼类和其他水产品等。按各种食物在膳食结构中的比重和用途，食物还可分为主食和副食以及调味品、零食等。主食和副食在世界不同的地方有不同的含义。在中国大部分地区，主食主要指谷物和薯类，通称粮食；而水果、蔬菜以至肉、奶、蛋等动物性食物则被归入副食一类。

　　人的营养需要，靠摄取不同种类的食物得到满足。谷物中碳水化合物占较大比重（63% ～ 75%），是热量的主要来源；肉、奶、蛋富含蛋白质，来自家畜、家禽和水产品，是目前人类所消费的蛋白质的主要来源；蔬菜和水果是维生素和矿物质的主要来源。零食含有一定的能量和营养素，可以给人们带来一定的精神享受，也可满足特殊人群对某些营养素的需求。调味品能提升菜品味道，增进食欲，满足消费者的感官需要。维生素是一类维持生物正常生命现象所必需的小分子有机物，人与动物体内或者不能合成维生素，或者合成量不足，必须由外界供给。食品添加剂通常不作为食品消费，不是食品的典型成分，也不包括污染物或者为提高食品营养价值而加入食品中的物质，但正确使用食品添加剂对提高食品感官质量和营养价值、防止食品变质、延长食品保存期等具有一定作用。

　　为便于读者全面地了解各类食物，编委会依托《中国大百科全书》第三版作物学、园艺学、畜牧学、渔业、食品科学与工程、化学等学科内容，组织策划了"饮食百科"丛书，编为《谷物》《水果》《蔬菜》《肉奶蛋》《零食》《调味品》《食品添加剂》《维生素》等分册，图文并茂地介绍了各类食物、食品添加剂和维生素等。因受篇幅限制，仅收录了相对常见的类型及种类。

　　希望这套丛书能够让读者更多地了解和认识各类食物、食品添加剂和维生素，起到传播饮食科学知识的作用。

饮食百科丛书编委会

目　录

第3章 陆生蔬菜 51

第1章

食用菌

食用菌是一类可供食用的大型真菌。通称蘑菇。约有95%的食用菌属于担子菌亚门中的层菌纲及腹菌纲，少数属于子囊菌亚门中的盘菌纲。狭义的食用菌指子实体硕大的、肉质或胶质的、可供食用的大型真菌。广义的食用菌还包括食品工业用于酿造的丝状真菌和酵母菌，如用于酿造啤酒和酱油、制造奶酪和豆腐乳等。中国将生长在木上的蘑菇称作"蘑"，将土中长出的称作"蕈"。日本把"菌蕈"两个名词结合

食用菌采收

起来作为蘑菇的同义词。食用菌是一种营养丰富并兼具食疗价值的食品，其食用部分为具有产孢结构的子实体。

口 蘑

口蘑是担子菌纲伞菌目口蘑科口蘑属菌类。又称蒙古口蘑、白蘑。它是生长在蒙古草原上的一种白色野生蘑菇，一般生长在有羊骨或羊

粪的地方。由于自然环境不断恶化及过度采摘，致使口蘑仅主要分布在内蒙古锡林郭勒盟、呼伦贝尔市等草原地带。7～8月间每逢雨后，口蘑在有蘑菇圈的地方能大量出现。口蘑菌肉肥厚、香浓鲜美、口感极佳，是享誉世界的著名野生食用菌，被誉为"草八珍"之首。由于产量不大，需求量大，是中国市场上较昂贵的一种蘑菇。

口蘑

◆ 形态特征

口蘑子实体群生，并形成蘑菇圈。菌盖直径17厘米，半球形至平展，白色，光滑，初期边缘内卷。菌肉白色，厚，具香气。菌褶白色，弯生，稠密，不等长。菌柄中生，粗壮，长3.5～7厘米，粗1.5～4.6厘米，基部稍膨大，白色，内实。孢子椭圆形。

◆ 生长习性

菌丝生长温度范围较大，为5～23℃。菌种培养适宜温度为18～20℃，以18℃最适宜，发菌期温度宜在15～18℃。子实体生长发育温度宜为10～18℃，原基分化和子实体生长的适宜温度为13～15℃。口蘑是营养共生型的外生菌根菌，为白色野生蘑菇。

◆ 用途

口蘑富含多糖、多肽、多不饱和脂肪酸等生物活性物质，能够调控人体的新陈代谢，增强机体的免疫力，具有抗氧化、抗衰老、抗肿瘤、降血压、降血脂、降血糖等医疗保健作用。口蘑也是一种较好的减肥美容食品，所含的大量植物纤维具有防止便秘、促进排毒、预防糖尿病及大肠癌、降低胆固醇含量的作用；同时又属于低热量食品，可防止发胖。

松　茸

松茸是担子菌亚门层菌纲伞菌目口蘑科口蘑属菌类。又称松口蘑、松蕈、台菌。它是松栎等树木外生的菌根真菌，具有独特的浓郁香味，是世界珍稀名贵的天然药用菌，中国二级濒危保护物种，在日本有"蘑菇之王"的美称。好生于养分不多且比较干燥的林地，一般在秋季生成，通常寄生于赤松、偃松、铁杉、日本铁杉的根部。吉林、四川、西藏、云南等青藏高原一带是中国松茸的主要产地。

◆ 形态特征

松茸散生或群生，有时形成蘑菇圈。菌盖直径5～20厘米，半球形至近平展，污白色，具黄褐色至栗褐色平状纤毛状鳞片，表面干燥。菌肉白色，肥厚。菌褶白色或稍带乳黄色，较密，弯生，不等长。菌柄较粗壮，长6～14厘米，内实，基部稍膨大。菌环生于菌柄上，丝膜状，上面白色，下面与菌柄同色。

松茸

◆ **生长习性**

松茸对生长环境的要求非常苛刻，生长在没有任何污染和人为干预的原始森林中，孢子必须和松树的根系形成共生关系，同时需要依赖柏树、栎树等阔叶林提供营养支持才能形成健康的子实体。松茸在出土前，必须得到充足的雨水，出土后必须得到充足的光照才能较好地生长发育。另外，温度异常、虫伤、人为暴力采集等因素对松茸的生长也会产生直接的影响。

◆ **栽培**

松茸很少人工栽培，可采用孢子引种法、移植法、赤松林保护培养法等栽培方法。以赤松林保护培养法为例介绍松茸的栽培方法。在松茸自然生产林或人工引种林地上，每年做好蘑菇圈的位置记录并画出图形，就能估计出下一年度秋季松茸发生的位置，也即菌根生长发育最旺盛的地方，大多数原基将在这一位置发生，可用人工控制的方法促进松茸发生。以预定松茸发生圈为中线，搭一个60厘米宽、1米高的塑料棚，制棚材料要有适当的保温作用。松茸发生期到来前10～20天，往棚内通冷气或放置冰块，使温度维持在18～20℃；同时每天浇水，水量相当于10～30毫米降水量，5～7天后即可看到原基和子实体形成。以后继续控制较低温度和较高的空气湿度，20～25天即可采收一批松茸，其产量是干旱年份在自然条件下发生量的5～6倍。

◆ **用途**

松茸富含蛋白质、18种氨基酸、14种人体必需微量元素、49种活性营养物质、5 种不饱和脂肪酸以及核酸衍生物、肽类物质等稀有物质；另含 3 种珍贵的活性物质，分别是双链松茸多糖、松茸多肽和全世界独一无二的抗癌物质——松茸醇，是最珍贵的天然药用菌类，其营养价值和药用价值极高。现代医学表明，松茸具有提高免疫力、滋阴补肾、抗癌抗肿瘤、治疗糖尿病及心血管疾病、养颜抗衰老、促肠胃保肝脏等多种功效，因此在全球范围内被广泛用于研发药品、保健品和化妆品。松茸的做法很多，可以单料为菜，也能与蔬菜、鸡肉及各种山珍海味搭配，无论是炒、炸、腌、煎、拌、烩、烤、焖、清蒸或做汤，其滋味都很鲜美。

竹　荪

竹荪是鬼笔目鬼笔科竹荪属菌类。又称竹笙、面纱菌、网纱菌、仙人伞。中国民间自古采食竹荪，主要分布于西南及东南沿海地区潮湿竹林中。20 世纪 80 年代开始人工栽培。

◆ 形态特征

竹荪子实体由菌盖、菌柄、菌裙、菌托组成。菌盖像一顶钟形的小帽，在菌裙和菌柄的顶端。菌盖高 4 ～ 5 厘米，直径 4 ～ 6 厘米，厚 0.1 ～ 0.3 厘米。菌盖表面布满多角形小孔，小孔内布满

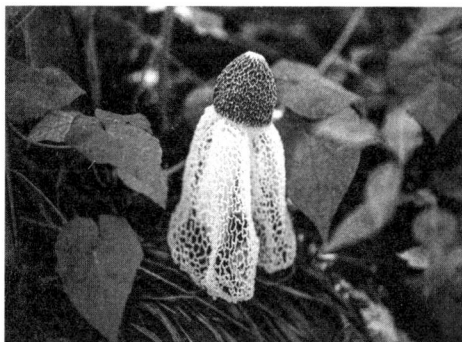

竹荪

墨绿色孢子液。菌裙像一把撑开在菌盖之下的伞,有很多网孔,网孔多角形。菌裙与菌柄等长或超过菌柄。菌裙半边短些,另半边长些。菌柄位于菌盖之下,由白色柔软的海绵状组织构成。菌柄长 15～38 厘米,中空,圆形,上小下粗。菌托位于菌柄基部,杯状,底部着生数根粗壮的索状菌丝。由于竹荪的子实体形态优美,故有"真菌之花""菌中皇后"等美称。

◆ **生长习性**

竹荪是一种草腐性菌类,生长需要的营养主要来自植物残体。菌丝生长的温度范围为 15～33℃,最适温度为 26～30℃。子实体形成的温度为 22～32℃,最适温度为 27～29℃。培养料适宜的含水量为 65%～70%,菌丝生长阶段要求空气相对湿度为 75%～80%,子实体发育阶段要求空气相对湿度为 90%～95%。菌丝生长对培养料透气性要求严格,覆土材料也要透气性好。菌丝对光照不敏感,子实体生长发育阶段适当的散射光有利于原基形成。菌丝生长阶段要求培养料的 pH 为 5.5～6.5,出菇阶段要求培养料的 pH 为 5～6。

◆ **栽培**

栽培的竹荪有长裙竹荪、短裙竹荪、棘托竹荪和红托竹荪,其中棘托竹荪因具有抗逆性强、栽培原料广泛、生产周期短、管理粗放、产量高、技术易于推广等特点,成为中国的主要栽培品种。棘托竹荪是高温型菌类,适宜的出菇温度为 27～29℃,一般采用室外栽培,其栽培场所要求水源方便,阴湿背风,土壤疏松不易板结并呈酸性或中性。棘托竹荪的室外栽培可与果树或作物套种,其栽培原料非常丰富,可用竹头、竹枝、竹叶、树头、树枝、树叶，还可利用甘蔗头、甘蔗叶、黄豆秆等。通常采用三层培养料夹播两层菌种或两层培养料夹播一层菌种的播种方式。播种后将料面稍压平即可覆土。播种后的管理主要是做好保温保湿及通风换气工作，每天通风换气 30 分钟。菌球发育要求空气相对湿度为 85%，温度不宜超过 32℃，每日午后注意通风，每天通气 30 ～ 60分钟。当菌球由近扁形发育进入蛋形期时，管理重点是维持畦面上下区空气的相对湿度在 85% ～ 90%，同时增加光照，以利于诱导菌球破口，土壤含水量控制在 20% ～ 25%。当竹荪菌裙达到最大开张度时，应及时采收，否则半小时就开始萎蔫、倒伏。采收时，用小刀割菌托基部索状菌丝，切勿用手强拉硬扯，否则菌柄易断。

◆ 用途

竹荪是珍贵食用菌，筵席之佳肴，俗称"山珍之王"，富含蛋白质、碳水化合物及多种氨基酸、维生素等。采收后多用于加工制干上市，也可鲜食。经常食用可降低高血压、减少血液中胆固醇含量、抗过敏、治疗痢疾，特别是对肥胖者有减少腹壁脂肪积累之功效。

蘑　菇

蘑菇是伞菌目伞菌科蘑菇属菌类中双孢菇、四孢菇和大肥菇等几个不同种类的总称。

蘑菇的人工栽培始于法国路易十四时代，18 世纪初就有人在法国巴黎附近的石灰石废矿穴中进行人工栽培。从法国传到英国、德国、美国、荷兰等国，后传到中国、日本、韩国。中国于 20 世纪 30 年代开始，在上海、福州等沿海城市进行小规模栽培。世界上种植蘑菇最多的国家是中国、美国、法国、荷兰和英国。中国蘑菇的主要产区是福建、浙江、江苏、上海、四川、广东等省市。

◆ **形态特征**

蘑菇是典型的伞状菌，其子实体伞形，由肉质的菌盖、菌褶、菌环、菌柄及根状菌索组成。整个子实体的表面呈洁白、光滑状。菌褶着生在菌盖的反面，呈片状，初期呈淡粉红色，成熟时呈深咖啡色，在每片菌褶的两侧着生许多担子及担孢子。蘑菇的菌丝体肉眼看呈白色绒毛状，在显微镜下菌丝有分隔及产生很多分枝。

◆ **生长习性**

蘑菇属于草腐生菌，能从粪草中吸取生长发育所需的全部碳、氮、无机盐、水和其他物质。孢子萌发的最适温度为24℃左右，菌丝体生长阶段的温度范围为 5 ～ 30℃，最适温度是 24 ～ 25℃；子实体生长阶段的温度范围是 5 ～ 23℃，最适温度是 14 ～ 16℃。菌丝生长阶段，培养料含水量应保持在65% 左右；子实体分化和发育阶段的空气相对湿度应提高到90% ～ 95%。发菌阶段要适当保持菇房较高的 CO_2 浓度，以利于菌丝生长；在子实体分化和生长阶段，则要降低菇房的 CO_2 浓度，为蘑菇生长提供新鲜空气。蘑菇属于喜暗性菌类，菌丝体和子实体都可在黑暗中生长。菌丝体生长的 pH 是 4.5 ～ 8.5，最适 pH 为 7.0，子实体分化和生长的最适 pH 为 6.5 ～ 6.8。

◆ **栽培**

生产栽培中应选择菇色洁白，菇形圆整胖顶，柄短而粗，不易开伞，而且抗性强的品种。播种期以当地昼夜平均气温能稳定在 20 ～ 24℃，约 35 天后下降到 15 ～ 20℃为依据。培养料的种类有秸秆和畜禽粪肥；辅助材料包括有机肥、化肥及其他富含氮素营养的菜籽饼、豆饼等饼肥。播种前培养料要进行充分发酵，培养料湿度要求在 65% 左右，培养料的 pH 在 7.5 ～ 8.0，并且要求培养料中无氨气。当气温在 25℃左右，料温 28℃以下时，可以进行播种。培养料厚度为 16 ～ 20 厘米，可以采用穴播法、条播法和撒播法相结合。在播种后 20 天左右，当菌丝长至料厚 2/3 时，对培养料进行覆土，覆土 pH 为 7.5 ～ 8.0。覆土后向土粒喷水，使土粒无白心，隔 5 ～ 7 天再覆一层薄细土，总厚度以 3 ～ 5 厘米为宜。覆土后菇房温度控制在 30℃以内，菌丝生长最适温度为 22 ～ 24℃，覆土 1 周后，于子实体发育阶段，温度以下降到 24℃以下为宜，最适温度为 14 ～ 16℃。保持培养料的含水量在 60% ～ 65%，在菌丝体生长阶段空气湿度可控制在 70% ～ 80%，在子实体形成阶段空气湿度可控制在 90% ～ 95%。菇房内及时通风换气，引进新鲜空气。当蘑菇的菇盖直径长到 1.8 ～ 4 厘米尚未开伞时，即可采收。

◆ 用途

蘑菇味道鲜美，肉质肥嫩，营养丰富，是一种高蛋白、低脂肪、低热能的健康食品，具有多种保健和治疗作用。所含的大量酪氨酸具有降低血压、降低胆固醇、防治动脉硬化性心脏病等功能，所含的核糖核酸可诱导有机体产生能抑制病毒增殖的干扰素，所含的多糖还具有一定的防癌、抗癌作用。"健肝片"的主要成分就是双孢蘑菇的浸出液，是治疗肝炎的辅助药品，对于慢性肝炎、肝肿大、早期肝炎有明显疗效。蘑菇主要用于鲜食，也可生产罐装蘑菇、冷冻鲜菇及蘑菇罐头。

香　菇

　　香菇是伞菌目口蘑科香菇属菌类。又称香蕈、香菌、香信、冬菇。香菇栽培始于中国，已有800多年的历史，是世界上最著名的食用菌之一，为世界第二大食用菌。香菇的香味成分主要是香菇酸分解生成的香菇精。中国已成为最大的香菇生产国。

◆ 形态特征

　　香菇子实体单生、丛生或群生。菌盖圆形，通常5～10厘米，有时达20厘米，表面茶褐色、暗褐色，有深色的鳞片。幼时边缘内卷，有白色或黄白色的绒毛，随着生长而消失。菌盖下面有菌幕，破裂后形成不完整的菌环。菌褶弯生，白色。菌柄中生或偏生，内实，纤维质，（3～16）厘米×（1.0～1.5）厘米。菌环以上部分白色，菌环以下部分褐色。

◆ 生长习性

　　香菇是木腐性菌。菌丝生长的温度为5～32℃，最适温度为24～27℃；子实体分化的温度一般为8～21℃，以10～15℃最为适宜；子实体生长发育的温度一般为5～26℃，适宜温度为10～20℃，最适温度为15℃左右。以代料栽培的培养料含水量为50%～60%，以段木栽培的段木含水量为35%～40%，出菇时要求空气相对湿度为80%～90%。香菇好气，菌丝生长阶段和子实体生长阶段都需要进行良好的通风透气。香菇属于喜光性食用菌，在菌丝生长阶段不需要光线，但子实体的分化和发育需要一定的散射光。香菇是喜酸性食用菌，适宜的 pH 一般为 3 ～ 7，最适 pH 在 5 左右。

◆ **栽培**

香菇的栽培有段木栽培法、代料栽培法和露地畦床栽培法，以代料栽培法为主。以代料栽培法为例，选择适合当地的优良品种和栽培原料（如棉籽壳、玉米芯、阔叶树木屑等）。将准备好的原料按确定的比例进行混合，然后装袋灭菌。灭菌后的菌袋温度下降至 28℃以下即可播种，播种后的菌袋在培养室内井字形堆放，控温发菌。发菌时一定要注意防湿遮阳、通风换气并及时翻堆检查。一般刚播种 5 天内不搬动，以免影响菌丝萌发，也不利于菌丝定植。

香菇

第一次翻堆在播种后 6 ～ 7 天，以后每隔 7 ～ 10 天翻堆一次。培养室的温度宜控制在 22 ～ 26℃，不要超过 28℃。当菌龄达到 60 天，菌丝生长成熟、符合脱袋标准后，进行脱袋排场；脱袋应在晴天或阴天上午进行，其时气温应在 16 ～ 23℃。菌袋脱袋后 12 天左右，每天冲洗菌棒吐出的黄水 1 ～ 2 次并给予一定的散射光和直射光，通风换气，至少每天 2 次，每次 30 分钟。一定的温差、散射光和新鲜空气，有利于香菇子实体原基的形成，此时应控制温度在 10 ～ 22℃，昼夜温差 5 ～ 10℃，空气湿度维持在 90% 左右。当香菇子实体达到七八分成熟，菌盖尚未完全展开，边缘稍内卷呈铜锣边状，菌膜刚破裂，菌褶伸直时，应适时采收。

◆ 用途

香菇营养丰富，可以鲜食，其干制品更深受人们喜欢。香菇也是一种著名的药用食用菌，是抗肿瘤的医疗保健食物之一。从香菇中提取的香菇多糖可诱导体内产生干扰素，增强机体免疫力，从而抑制癌细胞的生长，对预防肠癌和直肠癌有效。香菇含有丰富的麦角甾醇，为抗佝偻病的食物之一。此外，香菇还对糖尿病及其诱发的动脉硬化、视网膜炎、坐骨神经痛有一定的食疗作用。

黑木耳

黑木耳是木耳目木耳科木耳属菌类。又称光木耳、云耳、细木耳。它是一种担子菌，属于胶质菌类。木耳人工栽培始于中国，据记载有上千年的悠久历史。黑木耳具有丰富的蛋白质、维生素 B、钙和铁，为蔬菜之冠，不仅是一种滋味鲜美、营养丰富的高级佐料，而且是一种具有药用价值的保健食品。中国黑木耳的自然分布很广，以湖北、黑龙江等地产量最多，且质量较好。

◆ 形态特征

黑木耳单生为耳状，或群生为花瓣状，胶质，半透明，中凹，黑褐色，干后颜色更深，大小为 6～12 厘米，厚度为 1～2 毫米，有腹背两面。腹面又称孕面，光滑、色深，成熟时表面密集排列着整齐的担子；背面又称不孕面，长有许多短毛。孢子一般呈腊肠形，无色，光滑。

◆ 生长习性

黑木耳是木腐性真菌，可以段木栽培，也可以代料栽培。黑木耳为中温型菌类，担孢子在 22 ～ 32℃均能萌发；菌丝在 6 ～ 36℃均能生长，以 22 ～ 30℃最为适宜；在 15 ～ 27℃下能分化出子实体，但以 20～24℃最为适宜。一般段木栽培木耳的适宜含

黑木耳段木栽培

水量为 40% 左右，而代料栽培培养料的适宜含水量为 55% ～ 60%。菌丝体生长阶段要求栽培场所的空气相对湿度为 60% ～ 70%，而子实体生长阶段要求空气相对湿度为 80% ～ 90%。黑木耳是好气性真菌，菌丝体和子实体阶段都需要新鲜的空气才能正常生长。黑木耳在菌丝生长阶段不需要光线，在子实体形成和生长阶段则需要较强的散射光和部分直射光。黑木耳适合在微酸性条件下生长，菌丝体在 pH 为 4 ～ 7 的条件下都能正常生长，以 pH 为 5.0 ～ 6.5 最为适宜。

◆ **栽培**

黑木耳代料栽培既可以节省木材，又可以在无林或少林地区栽培。宜选择适应性强的优良菌种。根据当地资源选用合适的培养原材料，按照培养料配方进行充分混合拌料，拌料时严格控制含水量在 55% ～ 60%，然后装袋灭菌。灭菌后待菌袋温度降至 28℃以下时进行播种，播种后的菌袋在培养室内按井字形堆放，然后控温发菌。发菌时一定要注意防湿遮阳、通风换气并及时翻堆检查。播种后控制栽培环境，保持培养温度在 22～28℃，空气相对湿度在 65% 左右，黑暗环境下发菌。

待菌丝长满菌袋时可进行曝光，以诱发耳芽的形成。在生长发育过程中，每天都需要通风换气 1 ～ 2 次，每次 30 ～ 40 分钟，以保证有足够的氧气维持正常的代谢作用。出耳期，即在子实体生长发育期间，控制温度在 20 ～ 28℃，湿度保持在 85% ～ 90%。当耳片展开，边缘开始内卷，耳腹产生白色孢子粉时，就应及时采收。

◆ 用途

黑木耳口味鲜美、营养丰富，是高蛋白、低脂肪的保健食品，还含有丰富的碳水化合物和多种维生素与无机盐养分。黑木耳具有药用价值，中国第一部药典《神农本草经》中就有记载。黑木耳子实体含有丰富的胶质和大量的纤维素酶，不仅对人类消化系统具有良好的清滑作用，能清除肠胃中的积败食物，并对痔疮有较好的疗效，而且还有清肺润肺的作用。黑木耳所含的多糖是酸性异葡聚糖，具有抑制肿痛的作用。除此之外，经常食用黑木耳能降低人体的血液凝块，缓和冠状动脉硬化，有防止血栓形成的作用。

鸡 枞

鸡枞是伞菌目口蘑科白蚁菌属菌类。又称伞把菇、鸡丝菇、鸡肉菌、鸡脚蘑菇、白蚁菇、蚁棕、斗鸡公、三塔菌。广泛分布于中国长江流域以南的热带及亚热带地区，以贵州出产较多，四川攀西地区 6 ～ 8 月出产较多的野生鸡枞，云南与贵州交界处偶尔也有出产。

◆ 形态特征

鸡枞子实体中等至大型。菌盖宽 3 ～ 23.5 厘米。幼时脐突半球形

至钟形并逐渐伸展，菌盖
表面光滑，顶部显著凸起
呈斗笠形，灰褐色或褐色、
浅土黄色、灰白色至奶油
色。长老后辐射状开裂，
有时边缘翻起，少数菌有
放射状。菌褶白色至乳白

鸡枞

色，肉质厚实，长老后带黄色，弯生或近离生，稠密，窄，不等长，边
缘波状。菌肉白色，较厚。菌柄较粗壮，长 3 ～ 15 厘米，粗 0.7 ～ 2.4
厘米，白色或同菌盖色，内实，基部膨大，具有褐色至黑褐色的细长假根，
长可达 40 厘米。孢子呈卵圆形，白色或奶油色。子实体充分成熟即将
腐烂时有特殊的剧烈香气，嗅觉灵敏的人可以在 10 余米外闻到其香味。

◆ 生长习性

鸡枞菌丝生长的适宜温度为 16 ～ 20℃；子实体形成的温度为
25 ～ 35℃，最适温度为 25 ～ 26℃。培养料含水量为 60% ～ 75%，
以 65% 较佳；鸡枞菌丝生长需要空气相对湿度在 80% 左右，原基形
成期空气相对湿度不宜低于 80%；子实体生长阶段空气相对湿度为
85% ～ 95%。鸡枞生长发育过程需要的 pH 为 4.0 ～ 4.5。高浓度二氧
化碳有利于菌丝的生长，而子实体生长发育要求有充足的氧气。孢子萌
发、菌丝生长、原基分化、子实体生长发育不一定需要光照。

◆ 栽培

自然界中鸡枞分布在北温带和亚热带地区，人工栽培历史较短。

鸡枞栽培中常用的培养料有棉籽壳、玉米芯、锯木屑、麦麸等，其中锯木屑和玉米芯需要提前预湿。将预湿好的锯木屑和玉米芯等原材料放在太阳下暴晒、发酵，半个月后即可使用。培养料拌匀后装袋灭菌，灭菌后待料袋冷却至30℃以下即可在无菌条件下进行播种。播种好的菌袋置于培养室内培养，培养室的温度保持在20～25℃，湿度控制在65%～68%，室内每天通风2次，早晚各1次，每次不超过半小时。经30～40天发菌完成，然后将菌袋的塑料袋去掉，把菌棒取出竖立放入菌床内。菌棒与菌棒之间的间隔为5厘米，上面覆土，直到把菌棒盖严，用大水浇透，最后再覆一层3～5厘米的草炭土，使土壤pH保持在5.5～7.0。培养环境温度为25～30℃，昼夜温差控制在10℃左右为宜，空气湿度保持在90%左右，给予一定的散射光，保持三分阳七分阴的原则。鸡枞菌覆土后25天左右即开始出菇，这一时期要保持培养室内温度在15～30℃，空气湿度控制在85%～95%，要及时通风降温，并有一定的散射光。出菇5天左右，当菌盖直径长到2～5厘米时，即可采收第一潮菇。一般可采收三潮菇，每潮菇采完以后，都应及时将床面上留下的菇根和死菇清理干净，以免引起腐烂，招致杂菌污染；在清除后的空穴中及时补充湿润的细土，以保持床面平整。

◆ 用途

鸡枞菌肉厚肥硕，质细丝白，味道鲜甜香脆，含人体所必需的氨基酸、蛋白质、脂肪，还含有各种维生素和钙、磷、核黄酸等物质，是一种营养价值极高的高蛋白食品。鸡枞菌具有一定的抗氧化活性，其多糖能显著提高免疫能力，具有护肝、镇痛、抗炎、降血脂和抗肿瘤的作用。

鸡枞的吃法很多，可以单料为菜，也能与蔬菜、鱼肉及各种山珍海味搭配；可炒、炸、腌、煎、拌、烩、烤、焖、清蒸或做汤，滋味鲜美，为菌中之冠。

平　菇

平菇是担子菌门伞菌目侧耳科侧耳属菌类。又称侧耳、糙皮侧耳、蚝菇、冻菌、元菇、北风菌、黑牡丹菇。它是世界上栽培较多的食用菌之一。平菇在中国分布广泛，自秋末至冬、春甚至夏季均有生长。在700 年前中国已将其作为待客的佳品，但中国利用锯木屑栽培平菇仅有60 多年的历史。

◆ 形态特征

平菇子实体覆瓦状丛生。菌盖初期扁半球形，后呈扇形、肾形、漏斗形，直径 5 ～ 21 厘米；初期颜色为蓝黑色，之后逐渐变淡，成熟时呈灰白色至白色，或青灰色；肉质，表面光滑，中部下凹的部分有时有白色绒毛或纤毛。菌肉白色、肥厚。菌褶白色，延生，在菌柄交织成网络。菌柄侧生，短或无，内实，白色，长 1 ～ 2 厘米，基部常有白色绒毛。

◆ 生长习性

平菇属于木腐菌，分解纤维素、木质素、半纤维素的能力很强。孢子萌发的最佳温度为 24 ～ 28℃，菌丝体生长的温度范围为 3 ～ 35℃，20℃时生长最快，以 24 ～ 28℃较为适宜，子实体在 5 ～ 26℃均能分化，不同品种类型子实体生长发育对温度要求存在差异。平菇属于喜湿性菌类，菌丝生长阶段培养料含水量要求在 65% ~ 70%。发菌时空气相对湿度一般以 60% ~ 70% 为宜，子实体分化和生长发育时为 85% ~ 90%。平菇属于好气性真菌，菌丝和子实体生长发育都需要氧气。平菇的菌丝体在黑暗中能正常生长，子实体分化发育需要有一定的散射光。平菇对酸碱度的适应范围较广，pH 为 3 ~ 9 均能生长，但以 pH 为 5.5 ~ 6.5 最为适宜；平菇生长过程中培养料会酸化，所以一般栽培时应调至 pH 为 7 ~ 8 较好。

◆ 栽培

生产上普遍采用代料栽培技术。根据当地气候条件及培养料类型，选用适合当地栽培的优良品种，采用科学的配方进行合理的培养料配制，调节好培养料的水分和 pH。将配制好的培养料装袋消毒灭菌，当料袋温度降低到 28℃ 之后即可播种。播种后的菌袋应立即搬入培养室内进行发菌，整个发菌过程要求培养室的温度在 22℃、湿度 70% 左右。当菌丝长满袋后应给予低于 20℃ 的温度和尽量大的温差刺激原基的形成。培养过程中，要对菇房进行合理的通风换气，保持空气相对湿度在 90% ~ 95%，并有适当的散射光。当菇柄长达 3 ~ 5 厘米，菇盖直径 7 ~ 10 厘米时即可采收。平菇出菇潮次分明，每次进行采收后，要将菌袋口残留的死菇、菌柄清理干净，以

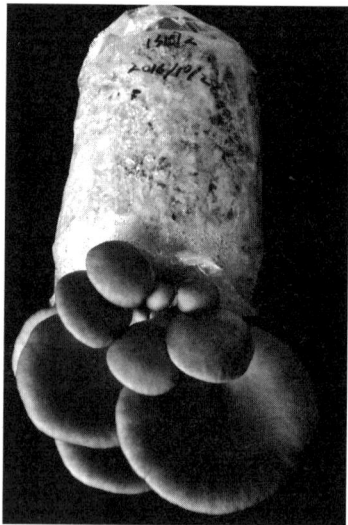

平菇

防腐烂招致病虫害；然后整理菇场，停止喷水，降低菇场的湿度，以利平菇菌丝恢复生长，积累养分。

◆ **用途**

平菇营养丰富，具有多种保健功能，经常食用能调节人体内部的新陈代谢，降低血压，对肝炎、胃溃疡、十二指肠溃疡、软骨病等都有疗效，还具有一定的抑制癌细胞增生的功能，可诱导干扰素的形成。

杏鲍菇

杏鲍菇是无隔担子菌亚纲伞菌目侧耳科侧耳属菌类。野生杏鲍菇主要分布在中国的新疆、四川北部和青海等地。中国自20世纪90年代开始引种杏鲍菇，取得了较大成功，已实现工厂化周年栽培生产。杏鲍菇是东亚地区种植最广泛的食用菌之一，尤以中国产销量为最高。

◆ **形态特征**

杏鲍菇子实体单生或群生，菌盖初球形，渐平展，浅黄白色，直径2.5～6.5厘米，厚度2.0～4.5厘米。菌褶延生，密集，乳白色。菌柄偏生至侧生，中实，棒状至球茎状，表面光滑，浅黄白色，无菌环，直径3.5～5.5厘米，长度7.5～13厘米。孢子椭圆至纺锤形。

◆ **生长习性**

杏鲍菇属于恒温结实性菌类，菌丝在6～32℃时均能生长，适温22～26℃，子实体生长的适温为14～15℃。代料栽培时，培养料含水量控制在64%～66%，菌丝生长阶段空气相对湿度为65%～70%，子实体生长发育阶段空气相对湿度应保持在75%～92%；菌丝阶段对空气要求不严，子实体生长阶段要适当通风。杏鲍菇菌丝在黑暗条件下生长良好，但营养生长后期适当增加散射光有利于子实体发生。子实体生长发育阶段也要求有一定的散射光，杏鲍菇还具有趋光性。杏鲍菇菌丝生长适宜 pH 为 6.0 ～ 6.5。

◆ **栽培**

中国杏鲍菇栽培分为自然季节性栽培和工厂化周年设施栽培。自然季节性栽培一般利用闲置蔬菜大棚进行季节性栽培；工厂化周年设施栽培则须建筑专门的适合杏鲍菇的培养室和出菇房。栽培上可结合当地具体情况选用适宜的培养料配方进行袋栽。培养料装袋后灭菌，当灭菌好的料袋温度降到 30℃ 左右后，即可在无菌条件下进行播种。播种好的菌袋放置于 24℃ 的培养室进行培养，培养室内相对湿度控制在 70% 以下。一般在 24℃ 条件下培养 20 ～ 25 天，菌丝可长满栽培包，长满后还需要 10 ～ 12 天的后熟期。将后熟好的菌袋搬入出菇室，温度

杏鲍菇

保持在 13 ～ 15℃，利用温差促进菌丝体转入子实体生长，空气湿度控制在 85% ～ 95%。菇蕾出现后，保持二氧化碳浓度在 0.4% 左右；菌蕾伸长期，维持二氧化碳浓度在 0.5%，适当减少通风；当菌柄伸长至 12 厘米左右时，将二氧化碳浓度下降到 0.2% 左右，菇帽会逐渐展开。杏鲍菇的采收标准应根据市场需要而定。出口菇要求菌盖

和菌柄的粗度相近，柄长 12 ～ 15 厘米；中国市场一般以菌盖平整、孢子尚未弹射时作为采收适宜时期。杏鲍菇整个栽培周期为 55 ～ 60 天，采收后及时对出菇房进行彻底清扫、消毒，通风 3 ～ 5 天再使用。

◆ 用途

杏鲍菇质地脆嫩，肉质肥厚，味道鲜美，风味独特，具有杏仁香味和鲍鱼味，故称"杏仁鲍鱼菇"，有"平菇王"或"草原上的美味牛肝菌"之称。杏鲍菇营养丰富，含有多种氨基酸和微量元素，具有抗氧化、抗病毒等活性功效，是一种营养价值和保健价值极高的珍贵食用菌。中医认为，杏鲍菇有益气、杀虫和美容的作用，可促进人体对脂类物质的消化吸收和胆固醇的溶解，对肿瘤也有一定的预防和抑制作用，是老年人预防心血管疾病以及肥胖症患者的理想保健食品。杏鲍菇可鲜食；也可加工切片后进行干制，干制后密封包装远销；还可切片制成罐头销售。

鸡腿菇

鸡腿菇是真菌门担子菌亚门层菌纲伞菌目鬼伞科鬼伞属菌类。又称毛头鬼伞、毛鬼伞、刺蘑菇、鸡腿蘑。它是人工开发生产的一种具有商业潜力的珍稀食用菌，被誉为"菌中新秀"。因其形如鸡腿，肉质肉味似鸡丝而得名。日本人称之为细裂一夜茸。

◆ 形态特征

鸡腿菇单生或丛生，呈棒槌状。菌盖初期圆柱形，与菌柄结合紧密，菌柄白色，粗 1 ～ 2.5 厘米，上细下粗，柄中空。菌柄向下逐渐增粗，形状似倒立的鸡腿。菌盖白色，初光滑，后期表皮开裂，形成平状鳞片。菌盖直径 3 ～ 5 厘米，高 9 ～ 11 厘米。菌盖初期紧贴菌柄，随着生长逐渐松动，边缘脱离菌柄后呈钟形。菌肉白色，较薄。菌环白色，膜质，连接于菌盖边缘，常随菌柄的伸长而移动，成熟时易脱落。菌褶密，较宽，离生，初白色，担孢子形成后变成黑色。

◆ **生长习性**

鸡腿菇是土生草腐性菌类，能利用广泛的碳源营养，人工栽培对营养要求不严。孢子萌发的适宜温度为 22 ～ 26℃，以 24℃ 萌发最快。菌丝生长的温度在 3 ～ 35℃，最适温度为 21 ～ 28℃。子实体在 16 ～ 24℃ 时发生量最多，产量最高。鸡腿菇菌丝生长阶段培养基质含水量以 60% ～ 70% 为宜，空气相对湿度为 70% ～ 80%；子实体生长阶段空气湿度要求在 85% ～ 95%。菌丝体生长不需要光照，子实体分化需要 50 ～ 100 勒克斯的光照，子实体生长阶段也需要一定量的散射光。菌丝生长阶段需氧量较少，子实体分化和生长阶段需大量氧气。鸡腿菇生长的最适 pH 为 6.5 ～ 7.5。

◆ **栽培**

鸡腿菇的人工栽培方式主要有熟料栽培和生料栽培，以熟料栽培较为普遍。熟料栽培时，要根据当地的气候条件选择适应性强、抗病、高产优质的单生或丛生鸡腿菇品种。根据不同地方的气候特点安排播种期。将培养原料按配方比例拌好后装入塑料袋内进行灭菌，灭菌后待培养料自然冷却后即可进行播种。播种时按无菌操作要求进行，采用两头播种法，播种量为干料重的 10% ～ 15%，播种后置于 22 ～ 30℃ 下培养，约30天长满袋。然后将发好菌丝的料袋剥去塑料袋膜，排入栽培畦中，菌棒间留3～5厘米空隙，用覆土材料填满，以利菌丝继续生长，再在菌棒顶部均匀覆盖一层3～5厘米厚的土层。

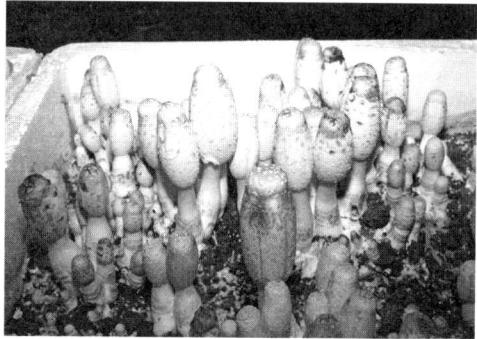
鸡腿菇

一般覆土后10～15天菌丝即可长满畦床，此时每天喷少量水，保持空气相对湿度为85%～90%，温度16～24℃，并给一定的散射光线刺激原基形成。当菇体高5～12厘米，菌盖直径1.5～3厘米时，用手指轻捏菌盖，中部有变松空的感觉即可采收。

◆ 用途

鸡腿菇肉质细嫩、味道鲜美、营养丰富，富含蛋白质、多糖、脂肪、维生素和微量元素，性平，味甘滑，具有益脾胃、清心安神、治痔、降血压、抗肿瘤等功效，有较高的药用价值，食用后可预防动脉硬化、心脏病及肥胖症等。研究表明，鸡腿菇对糖尿病也有明显的辅助疗效。可以制作上汤、炒食或加工。

牛肝菌

牛肝菌是真菌界担子菌亚门层菌纲伞菌目牛肝菌科牛肝菌属菌类。主要有白、黄、黑、红牛肝菌。因肉质肥厚、极似牛肝而得名，是名贵稀有的野生食用菌。牛肝菌科的华美牛肝菌、红脚牛肝菌、桃红牛肝菌、魔牛肝菌的子实体被称为"四大菌王"。

◆ **形态特征**

牛肝菌菌盖直径 5 ～ 16 厘米,扁半球形或稍平展,不黏,光滑,边缘钝,黄褐色、褐色、红褐色至深褐色,颜色变化很大。菌肉白色,厚,受伤不变色。菌管初期白色,后呈淡黄色,直生或近弯生,或在柄周围凹陷。管口幼时有填充,圆形,2 ～ 3 个 / 毫米。柄长 3 ～ 15 厘米,粗 2 ～ 4 厘米,基部尤为膨大(可达 11 厘米),与菌盖同色,但颜色稍浅,有明显的凸出网纹,中生,肉实。孢子近梭形,黄色至黄绿色,光滑,近透明,孢子印青褐色。

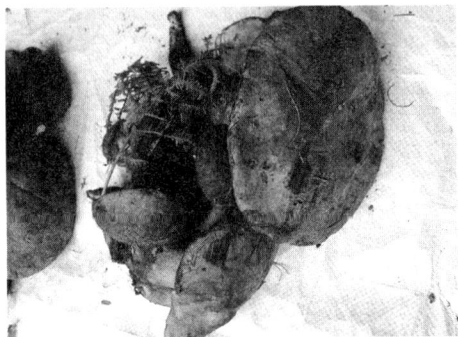

牛肝菌

◆ **生长习性**

温度是影响牛肝菌生长发育的重要因素,牛肝菌菌丝在 18 ～ 30℃时均可生长,但最适温度为 24 ～ 28℃;子实体可在 5 ～ 28℃时生长发育,但适宜温度为 16 ～ 24℃,低于 12℃就不易形成子实体。菌丝体生长阶段土壤含水量以 60% 左右为宜,而子实体生长阶段相对湿度以 80% ～ 90% 为宜。一般土壤 pH 为 5.0 ～ 6.0 较适合牛肝菌菌丝体生长和子实体发育。

◆ **栽培**

牛肝菌的人工栽培技术尚未成熟,大部分产品靠野生采集。有人进行人工仿生栽培取得了一定进展。如褐环粘盖牛肝菌是一种优良的菌根食用菌，其栽培过程包括基质制作、菌剂制作、无菌苗培育、菌根苗培育、圃地栽培等环节，在不同生长阶段提供适宜的环境条件，以促进子实体的形成。

◆ 用途

牛肝菌菌体较大，肉肥厚，柄粗壮，食味香甜可口，营养丰富，是一种世界性著名食用菌，可以制作上汤、炒食或加工。牛肝菌具有清热解烦、养血、舒筋活血、补虚提神等功效，是中成药"舒筋丸"的原料之一；也是妇科良药，可治妇女白带症及不孕症；同时还有抗流感病毒、防治感冒的作用。牛肝菌含极高的硒、钾、锌、叶酸、维生素 B_1 和维生素 B_2，可增强机体免疫力，提高能量代谢水平，延缓组织退化和衰老；另外，牛肝菌含有大量活性物质如菌多糖，可刺激免疫力、益智醒脑、降血糖等。新鲜牛肝菌有些具有很强的毒性，必须煮透食用以防中毒。

草 菇

草菇是伞菌目光柄菇科小苞脚菇属菌类。又称兰花菇、苞脚菇、秆菇、麻菇、中国菇。起源于中国广东韶关的南华寺，200 年前中国已开始人工栽培。在 20 世纪 30 年代由华侨传入菲律宾、马来西亚及其他东南亚国家，被称作"中国菇"。草菇是重要的热带亚热带菇类，中国的草菇产量居世界之首，主要分布在广东、福建、台湾等地。

◆ 形态特征

草菇的子实体由外膜、菌盖、菌柄、菌褶、菌托等构成。外膜又称包被、脚包，顶部灰黑色或灰白色，往下渐淡，基部白色，未成熟子实体被包裹其间，随着子实体增大，外膜遗留在菌柄基部而成菌托。菌盖张开前呈钟形，展开后呈伞形，最后呈碟状，直径 5 ～ 12 厘米，大者可达 21 厘米；鼠灰色，中央色较深，四周渐浅。菌柄中央生，顶部和菌盖相接，基部与菌托相连，圆柱形，直径 0.8 ～ 1.5 厘米，长 3 ～ 8 厘米，充分伸长时可达 8 厘米以上。菌褶位于菌盖腹面，由 280 ～ 450 个长短不一的片状菌褶相间地呈辐射状排列，与菌柄离生，子实体未充分成熟时，菌褶白色，成熟过程中渐渐变为粉红色，最后呈深褐色。

◆ **生长习性**

草菇是草腐性菌类。草菇属于高温型菌类，生长发育温度 10 ～ 44℃，对温度的要求因生长发育时期不同而异，担孢子萌发温度为 30 ～ 40℃，菌丝生长的最适温度为 33 ～ 35℃，子实体生长发育的最适温度为 28 ～ 32℃，低于 20℃或高于 35℃均难以形成子实体。草菇是喜湿性菌类，只有在高温高湿的条件下才能出菇。菌丝生长阶段，空气相对湿度以 80% ～ 85% 为宜，子实体生长发育阶段则以 85% ～ 95% 为宜，低于 80% 时子实体生长缓慢，高于 96% 时子实体易坏死和发病。在菌丝体阶段和子实体阶段都需要较高的培养料含水量，以废棉为原料的含水量为 65% ～ 70%，以稻草做培养料的含水量为 72%。草菇是好气性菌类，在菌丝体和子实体生长阶段都需要良好的通风条件。菌丝体生长阶段不需要任何光照，但子实体发育阶段需要一定量的散射光刺激才能更好地促进菌丝扭结和原基形成，一般每天需要 50 勒克斯的散射光照射 6 ～ 8 小时。草菇喜欢偏碱性环境，在 pH 为

4.0 ～ 10.3 的条件下菌丝均能生长，最适 pH 为 7.5 ～ 8.0。

◆ **栽培**

在草菇栽培中，根据栽培季节和用途选用不同的品种。一般而言，当地月平均温度在 22℃以上，日夜温差变化不大，空气相对湿度较大的气候条件下均可栽培。室内草菇栽培以废棉、蔗渣、

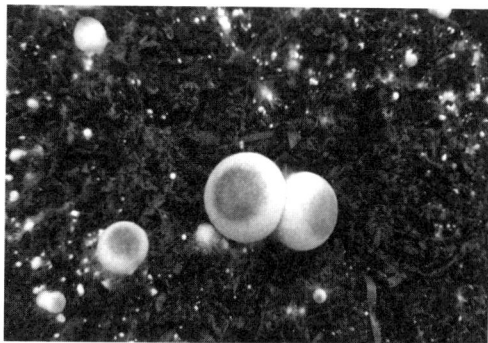

草菇

稻草为主要原料，可根据当地的实际情况选择适宜的材料和配方。将废棉、蔗渣、稻草等材料调湿后加入其他辅助材料，充分混匀后进行预堆，待培养料温度下降至38℃后即可播种。每平方米投入培养料约7.5千克，每100千克培养料用种12 ～ 15瓶（500 ～ 750毫升瓶），穴播、撒播或分层条播种。播种后，关闭门窗，保证4天内室温维持在30℃左右，料温保持在35℃。通常在播种后前3天，要求湿度达95%以上，从第4天开始降至95%左右。接种后5 ～ 6天，菌丝体开始扭结，产生子实体原基。子实体发育期，最适温度为28 ～ 32℃。子实体原基形成时，要及时增加料面的湿度，打好出菇水，增加室内光照，加强通风换气，促进子实体形成。子实体形成期间的空气湿度宜控制在80% ～ 90%。结菇期间，应及时进行通风换气，以保持菇房有充足的新鲜空气。在适宜的温、湿度条件下，一般播种后6 ～ 7天可见少量幼菇，11 ～ 12天可开始采收。草菇生长迅速，必须及时采收。

◆ 用途

新鲜的草菇肉质肥嫩，风味鲜美，是宴席上的美味佳肴。草菇营养丰富，含有丰富的蛋白质、氨基酸；含有磷、钾、钙等多种矿质元素；还含有多糖和异构蛋白，经常食用可增强人体的免疫能力，降低胆固醇和高血压，并能预防癌症。因此，草菇作为一种保健食品和高档蔬菜深受人们喜爱，产品可以鲜售，也可以制罐、速冻和干制，是一种极具发展前途的食用菌，也是中国出口创汇的重要农产品。

金针菇

金针菇是伞菌目口蘑科小火焰菌属菌类。又称构菌、朴菌、毛柄金线菌、金菇。金针菇不仅味道鲜美，柄脆盖滑，而且是一种高蛋白、低热量、多糖类的营养型保健食品，尤其是赖氨酸和精氨酸的含量特别丰富，有益于儿童的智力发育和健康成长，因此有"增智菇"或"智力菇"之称。金针菇分布于世界各国，日本已成为金针菇的主产国，中国、韩国也广泛栽培。金针菇作为中国较早进行人工栽培的食用菌之一，已有近千年的历史。

◆ 形态特征

金针菇子实体丛生，菌盖直径 2～8 厘米，幼小时半球形，之后逐渐平展，表面湿润黏滑，淡黄色至黄褐色。菌肉近白色，中央厚，边缘薄。菌褶白色至淡黄色或奶油色，凹生或延生至菌柄。菌柄麦秆状，稍硬，中生，圆柱形，长 4～18 厘米，直径 0.2～0.8 厘米，基部往往延伸似假根并紧靠在一起。

◆ **生长习性**

金针菇属于木腐性菌类，为低温型恒温结实性食用菌。孢子在 15 ～ 25℃时萌发形成菌丝，菌丝生长温度为 3 ～ 34℃，以 23℃左右最适宜。子实体分化的温度为 5 ～ 20℃，原基分化的最适温度为 10 ～ 14℃，子实体发育的最适温度为 8 ～ 14℃。金针菇是喜湿性菌类，菌丝生长期间的培养料含水量为 65% 左右，子实体形成期培养料含水量以 60% ～ 65% 为宜，空气相对湿度宜控制在 80% ～ 85%。金针菇属好气性菌类，在菌丝体和子实体培养阶段都要保持菇房的通风换气。金针菇的菌丝生长不需要光照，但子实体的分化需要一定的散射光。金针菇喜弱酸性环境条件，在 pH 为 3 ～ 8.4 的条件下菌丝均可生长，但以 pH 为 5.5 ～ 6.5 最适宜。

◆ **栽培**

金针菇主要采用熟料栽培，各地可根据具体情况选择适宜的培养料。金针菇栽培形式繁多，有袋栽、瓶栽、床栽、箱栽及畦栽等。金针菇的生产模式已实现工厂化、自动化周年生产。金针菇栽培分为发菌、出菇两个步骤。以瓶栽为例，首先是因地制宜地选择栽培容器和培养料，然后进行培养料装瓶和封口（800 毫升瓶可装料 480 克），封口后进行高压蒸汽灭菌，灭菌后当温度下降至 30℃以下时即可在无菌条件下播种。金针菇培养过程中必须满足其生长发育对环境条件的要求，菌丝生长阶段温度维持在 18 ～ 25℃，空气相对湿度保持在 60% ～ 65%；当菌丝长满瓶子或菌丝生长量达到 90% 时，可将瓶子封口物揭掉，诱导原基形成，此时温度降到 10 ～ 13℃，空气相对湿度保持在 80% ～ 85%；

当大量形成小米粒一样的子实体原基时，控制培养室温度在 8～10℃，空气相对湿度保持在 80%～85%。当子实体长出瓶口 2 厘米时，在瓶口套上装料筒或纸筒进行培养。当菇柄长至 8～10 厘米时，采用弱光垂直照射，可使菌柄成束向上生长，增加菌柄长度，提高商品率。子实体形成期间保持空气相对湿度 85%～90%，每天早上通风 30 分钟，10 天后可长到 15～20 厘米，这时可根据加工或鲜销标准适时采收。

◆ 用途

金针菇中含有酸性和中性的植物性纤维，可吸附胆汁酸盐，调节体内的胆固醇代谢，降低血浆中胆固醇的含量。金针菇还有促进胃肠蠕动、强化消化系统的功能，因此经常食用可以预防高血压，治疗肝脏疾病及消化道溃疡病。常见的烹饪方法有上汤、酸辣金针菇，凉拌金针菇，豆皮金针菇卷等。金针菇不仅可以鲜销，还可制罐或干制。

茶树菇

茶树菇是伞菌目锈伞科田头菇属菌类。又称茶新菇、杨树菇、柳环菌、柳松茸。中国于 20 世纪 80 年代起进行茶树菇生物特性及栽培技术的研究，并开始零星栽培。中国福建、江西、上海等地的茶树菇已形成规模栽培。

◆ 形态特征

茶树菇单生、双生或丛生。菌盖直径 2～10 厘米，表面光滑，初为半球形，暗红褐色；后渐变为扁平，淡褐色或土黄色。成熟之后，菌盖上卷，边缘有破裂。菌肉污白色，略有韧性，中部较厚，边缘较薄。菌褶片状，细密，几乎直生，初白色，成熟后咖啡色。菌柄长 3 ～ 8 厘米，直径 3 ～ 15 毫米，中实，纤维质，脆嫩，表面有纤维状条纹，近白色，基部呈污褐色。菌环膜质，生于菌柄上部。孢子呈锈褐色。

◆ **生长习性**

茶树菇属于木腐性菌类，木质素酶的活性较弱，没有虫漆酶活性，利用木质素的能力比平菇、香菇、金针菇等弱，所以一般在培养料装袋前须先经过发酵，使木质素得到有效的降解；但其蛋白酶的活性很高，利用氮素的能力很强。茶树菇菌丝在 4 ～ 33℃下均能生长，适宜温度为 20 ～ 28℃；子实体分化温度为 10 ～ 24℃。菌丝在培养料含水量为 65% ～ 70% 时生长较快，发菌期间要求空气相对湿度为 60% ～ 70%，出菇期间要求空气相对湿度为 85% ～ 95%。茶树菇是一种好气性真菌，在发菌期和出菇期均要有良好的通风。菌丝生长不需要光照，原基形成和子实体发育时需要 500 ～ 1000 勒克斯的较强光线，子实体生长期间需要 250 ～ 500 勒克斯的散射光照，子实体还具有明显的趋光性。

◆ **栽培**

茶树菇的人工栽培有段木栽培和代料栽培，以代料栽培为主。代料栽培又包括瓶栽、袋栽和箱栽几种形式，其中以袋栽最为普遍。袋栽时，选择适合当地栽培的优良品种，并根据当地实际情况选择适宜的培养原料配制培养料。培养料均匀混合后装袋灭菌，灭菌后待温度降至 30℃以下，即可在无菌条件下进行接种。接种后，保持培养室内温度 24 ～ 28℃，以利于菌种萌发定植。接种后 20 天，保持室温 23 ～ 25℃。发菌期要保持室内黑暗，可有微弱的散射光照，但不能有

直射光照。发菌室要通风换气，保
持室内空气新鲜。子实体生长阶
段要加大通风换气，但室内空气
流动不可过于强烈，保持温度在
15 ～ 25℃，空气相对湿度保持在
90% ～ 95%，增加散射光照。当

茶树菇

子实体生长 7 ～ 15 天，约八分成熟，菌盖颜色逐渐变淡，转为浅黄色，并逐渐开伞，直径达 2 ～ 3 厘米，菌膜即将破裂时为适宜采收期。

◆ **用途**

茶树菇含有 18 种氨基酸，其中 8 种为人体必需氨基酸，还含有丰富的 B 族维生素、矿质元素以及鲜味物质和一系列挥发性八碳化合物，有清热、平肝、明目、补肾壮阳、利尿、渗湿、健脾、止泻等功效。现代医学研究表明，茶树菇含有大量抗癌真菌多糖，更有试验数据显示其还具有良好的抗癌作用。可炒、炸、腌、煎、拌、烩、烤、焖、清蒸或做汤。

猴头菇

猴头菇是真菌门担子菌纲多孔菌目猴头菌科猴头菌属菌类。又称猴头、刺猬菌、猴头菌、猴头蘑、花菜菌。它是中国著名的食用、药用真菌，色鲜味美，风味独特，具有较高的营养保健价值，是中高档保健食用菌，素称"蘑菇之王"。它与熊掌、燕窝、鱼翅并列为四大名菜，自古以来被誉为"山珍"。猴头菇多发生于秋季，生长于深山密林中的栎类及其他阔叶树的立木、腐木上。中国于 1959 年开始人工驯化栽培研究并获成功，各地广泛栽培，产量已居世界之首。

◆ **形态特征**

猴头菌丝体初时稀疏呈散射状，后变浓密粗壮，呈白色或乳白色，气生菌丝呈粉白绒毛状。猴头子实体肉质，头状或倒卵形，形似猴子的头，直径 5 ～ 20 厘米，不分枝，新鲜时呈白色，干燥时变成黄色至浅褐色。子实体基部狭窄或略带短柄。除基部外，均密布有针形肉质菌刺，菌刺密集下垂，覆盖整个子实体；肉刺圆筒形，刺长 1 ～ 5 厘米、粗 1 ～ 2 毫米。孢子球形或近球形，光滑无色。

◆ **生长习性**

猴头菇属于木腐性菌类。菌丝生长要求的温度范围是 6 ～ 30℃，最适生长温度为 23 ～ 25℃；子实体生长温度为 12 ～ 24℃，以 18℃左右最为适宜。猴头菇喜湿，菌丝体生长阶段要求培养料的含水量为 60% ～ 65%，子实体发育阶段需要水分较多，培养料的含水量以 65% 为宜，空气相对湿度以 85% ～ 90% 较适宜。猴头菇是好气性菌，在生长繁殖过程中需要足够的氧气供应。菌丝体在完全黑暗中可以正常生长，子实体的分化需要少量的散射光。猴头菇是喜酸性食用菌类，菌丝可在 pH 为 2.4 ～ 5.0 的条件下生长发育，以 pH 为 4 最适宜。

◆ **栽培**

猴头菇的人工栽培主要有瓶栽和袋栽两种方式。瓶栽时要根据市场需求选择适宜当地栽培的优质菌种。根据当地原料来源就地取材，选择合适的培养料配方。培养料充分拌匀后装袋、灭菌，灭菌后待培养料温度下降至 30℃ 以下，即可在无菌条件下进行接种。接

猴头菇

种后菌袋移入培菌室，避光黑暗培养，温度 20 ～ 25℃，空气湿度 60% ～ 65%。在发菌期间要经常进行翻堆、检杂、通风换气。一般经 25 ～ 30 天，菌丝长满菌瓶，即可催蕾出菇，此时温度降至 15 ～ 18℃，通过空间喷雾、地面洒水及空中挂湿草帘等方法加大湿度，加强通风，并增加散射光照；2 天后进行遮阳，同时把菇房温度控制在 15 ～ 20℃，增加散射光照，空气相对湿度控制在 85% ～ 90%，并注意适当通风换气。随着子实体长大，光照强度可控制在 200 ～ 500 勒克斯，使子实体生长健壮、圆整、色泽洁白，商品价值提高。当猴头菇子实体直径达 5 ～ 10 厘米或九成熟、菌刺长到 0.5 ～ 1 厘米时，即可采收。一般每个菌袋可采 3 潮菇，生物转化率为 60% ～ 80%。

◆ 用途

猴头菌具有较高的药用价值，可助消化、利五脏，对胃溃疡、十二指肠溃疡及神经衰弱等有特异疗效，并能提高人体的免疫力。猴头菌中含有多糖、多肽类物质，对消化道肿瘤有一定的治疗和抑制作用。野生猴头菌数量稀少，人工栽培不断普及，除供中国国内食用、药用外，还对外出口，发展潜力很大。可鲜食做汤或制成干品。

第2章

水生蔬菜

荸 荠

荸荠是莎草科荸荠属多年生浅水草本植物。又称马蹄、地栗。以球茎作蔬菜食用。荸荠在中国长江以南各省普遍栽培,广西荔浦和贺州、浙江余杭、江西南昌和湖北团风等地为主产地。

◆ **形态特征**

荸荠萌芽后先形成短缩茎,其顶芽和侧芽向上抽生的绿色叶状茎细长如管而直立。叶片退化成膜片状,着生于叶状茎基部及球茎上部。光合作用靠绿色叶状茎进行。从母株短缩茎向四周抽生根状茎,按功能可分为两类:一类是前期抽生的根状茎,形成新的分株;另一类是生长后期抽生的根状茎,其顶端膨大为球茎。

荸荠的叶状茎

◆ **栽培**

荸荠用球茎繁殖。种荠于 10 ～ 15℃左右萌芽,25℃开始分蘖,

30℃植株旺盛生长，气温降至 20℃以下时球茎形成。一般在早春选顶芽和侧芽健全的种荠在室外苗床育苗，经常保持湿润；15 ～ 20 天即可成苗，供大田栽植。分蘗和分株期间保持一定水层并追施氮肥。球茎形成前追施磷肥和钾肥，对提高产量和改进品质有显著效果。于 12 月下旬后采收地下球茎，此时球茎表皮转为红褐色，含糖量高，味甜多汁。

◆ 用途

荸荠球茎含有丰富的水分、碳水化合物和蛋白质等，可生食或熟食；也能加工罐藏或作提取淀粉的原料。中医药学认为荸荠有止渴、消食、解热的功效。

菱

菱是菱科菱属一年生水生草本植物。以果实供食用。原产于中国。《齐民要术》中首次提到菱的栽培方法。在长江流域以南栽培最广。

◆ 形态和类型

菱胚根在发芽后凋萎，下胚轴发生不定根，弯曲成弓形，随即长出次生根。次生根有两种，一种弦线状须根，着生在胚根和靠近土壤的茎节上，伸入土中，是吸收养分的主要器官；在菱的茎节上还有另一种绿色的不定根，含叶绿素，可进行光合作用和吸收水中

菱

的养分。茎为绿色或紫红色，细长，蔓性，伸至水面的茎变粗，节间缩短，着生叶片，形成菱盘。菱的叶片有两种，一种是水中叶，狭长线形；另一种是浮水叶，叶柄长，中部有浮器，组织疏松，内储空气，漂浮水上。菱蔓长 1 ~ 3 米。菱花自叶腋处由下而上依次发生，花白色或粉红色；子房二室，仅一室发育成种子。果实为坚果，不开裂，尖端有短喙。果皮颜色多样。按照果的角数，栽培菱可分为四角菱、两角菱和无角菱3 个类型。

◆ **栽培**

菱性喜温暖湿润，不耐霜冻，生长适宜温度为 20 ~ 30℃。生长喜充足光照，可深水种植，也可浅水栽培，深水种植的最高水位不超过 4 米。对土壤的要求不高，但喜松软、肥沃的土壤。可直播或育苗移栽，从角果发芽到第一批果成熟约需 150 天。

◆ **用途**

菱的果肉含有丰富的淀粉、糖、蛋白质、矿物质等营养成分。鲜嫩果实可作水果生食或作蔬菜炒食，亦能加工制成淀粉（通称菱粉）或酿酒，还可作烹饪调料或糕点原料。菱肉还有一定的药用价值，《本草纲目》记载："菱，性寒，生食，解积暑烦热，生津健脾。"

海菜花

海菜花是水鳖科海菜花属多年生沉水草本植物。又称海菜、龙爪菜、水白菜、异叶水车前。以花和嫩叶作蔬菜食用。中国特有植物，曾广泛分布于云南、贵州、四川、广东、广西、海南等省区海拔 2700 米以下的小型湖泊、池塘、沟渠和深水田中，但因受到湖泊污染、湿地破坏、外来食草性鱼类如草鱼引入等多重因素的影响，海菜花种群数量急剧减少。自 20 世纪 80 年代开始便从绝大多数湖体中消失，其野生种群已经是濒危植物，为国家三级保护植物。

◆ 形态特征

海菜花茎短缩。叶基部丛生，一株具 50 ～ 70 个叶片；叶形变化较大，有线形、长椭圆形、披针形、卵形及阔心形；叶柄长短因水深浅而异，深水湖中叶柄长达 2 ～ 3 米，浅水田中叶柄长仅 4 ～ 20 厘米。花单生，雌雄异株；佛焰苞无翅，具 2 ～ 6 棱；雄佛焰苞内含 40 ～ 50 朵雄花，花梗长 4 ～ 10 厘米，花瓣 3，白色，基部黄色或深黄色，倒心形，长 1 ～ 3.5 厘米，宽 1.5 ～ 4 厘米；雌佛焰苞内含 2 ～ 3 朵雌花，花梗短，花萼、花瓣与雄花相似。果为三棱状纺锤形，褐色，长约 8 厘米，棱上有明显的肉刺和疣突。种子多数，无毛。

◆ 生长习性

海菜花叶丛深沉于水下，对环境变化十分敏感，要求水体清晰透明；如果出现富营养化，浮游植物浓度高，透明度低，水下光照不足，会严重影响海菜花的生长发育。一旦水体遭受工业废水或农药污染，则很快衰败灭绝。属喜温植物，种子 10℃以上开始萌芽，20 ～ 30℃时发芽率随温度升高而上升。

◆ 栽培

海菜花的野生资源已经非常稀少，云南大理、昆明、石屏等地已形成一定规模的人工种植。采用种子繁殖或分株繁殖，生产上常采用分株繁殖。可从种海菜花的老池塘中、水田中采集沉水种子自然萌发生成的秧苗作种苗，现挖现栽。也可在春夏季将种株连根挖起，每株（丛）分成 3 ～ 5 苗，分出的新苗不宜太小，且须保证每株新苗上均有须根。按 60 ～ 70 厘米行距、50 厘米株距种植，每亩种植约 2000 株。水稻田种植全生育期保持水深 20 厘米左右，池塘种植周年保持水流或每周换一次水，随着海菜花生长，水层逐渐加深，夏季旺长期保持 1.5 米左右水深。海菜花在温暖地区四季均可开花，盛花期 5 ～ 10 月。在花蕾尚未开放时及时采收，夏季每周可采一次，秋季每 10 ～ 15 天采一次。

◆ 用途

海菜花兼具观赏价值和食用价值。叶片沉于水中，但黄蕊白瓣小花浮于水面，疏密有致，似天上繁星，具有很高的观赏价值。海菜花营养价值较高，含有丰富的蛋白质、氨基酸和矿质元素，必需氨基酸与非必需氨基酸比值（EAA/NEAA）为 0.718（0.6 以上即为优质），是优秀的蛋白质源；甘氨酸、谷氨酸、丙氨酸、精氨酸、天冬氨酸 5 种鲜味氨基酸含量占总氨基酸含量的 44%，具有天然鲜味。主要食用花葶和花序，可单独或与芋头、豆腐等煮汤或炒食，其味细腻鲜美；亦可在沸水中焯后凉拌，或用蒸熟的米粉与海菜花的花茎拌和腌制成腌菜食用。海菜花可以吸收水中的氮和磷，分泌的化感物质对藻类生长有抑制作用，可净化水体。全草可入药，治小便不利、便秘、热咳、咯血、哮喘、水肿等多种疾病。

莲 藕

莲藕是莲科多年生水生草本植物。以观花为目的的品种称为花莲，以食用种子为目的的品种称为籽莲，以采食肥大的地下茎为目的的品种称为藕莲。莲藕原产地为中国。

◆ 形态特征

莲藕根为须状不定根，着生在地下茎节上，束状，每节 5 ～ 8 束，每束有不定根 7 ～ 21 条。根系多分布较浅，长势弱，再生力弱。茎为地下茎，茎的先端为喙状，外包鳞片，由顶芽、幼叶和侧芽组成，称为藕芽。顶芽和侧芽在 10 ～ 20 厘米深处泥土中横向生长，形成莲鞭。幼叶向上延伸，浮出水面，开展成为荷叶。节位上还有分化的花芽，伸出水面为莲花。莲鞭伸长至一定节位，其先端各节膨大成为新藕。主藕一般 3 ～ 5 节，有的可达 7 ～ 8 节。顶端的一节称为藕头，中间几节称为藕身，尾端一节称为藕梢。主藕的侧芽生长膨大为子藕，子藕的侧芽还可膨大为孙藕。茎中有许多通气孔，与根、叶、花相连，形成一个通气系统。莲藕叶称为"荷叶"，为大型单叶。叶柄呈圆柱形，内有 4 大 2 小平行排列的通气道。叶片初始纵卷，以后展开，近圆形，全缘，绿色，上被蜡粉。叶脉的中心与叶柄连接，称为"叶鼻"，是荷叶的通气孔，与叶柄和地下茎中的气道相通。初生叶 1 ～ 2 张，叶柄细弱不能直立，只能沉于水中或浮于水面，沉于水中的称"钱荷叶""荷花叶"，浮于水面的称"浮叶"；随后生出的叶，荷梗粗硬，挺立水面上，称为"立叶"，并愈来愈高，一般高出水面 60 ～ 120 厘米，形成上升阶梯的叶群。当叶群上升至一定高度后，便不再升高。随后发生的叶片一片比一片小，荷梗愈来愈短，便形成下降阶梯的叶群。最后抽生一张最大的立叶，通常称为"后把叶"或"大架叶"。从"后把叶"着生的节位开始，地下茎的先端向斜下方向伸长、膨大而结藕。随后在其前方一节上，还要抽生一张明显矮小的立叶，通称"终止叶"。采挖藕时，将后把叶和终止叶连成一直线，即可判断新藕在地下的位置。

莲藕

花通称荷花，着生于部分较大立叶的茎节位上。莲的果实为聚合果，果实卵圆形或椭圆形，由果皮和种子组成。成熟的种子由种皮和胚组成，无胚乳，胚由 2 片子叶、胚芽、胚轴和胚根四部分组成，自开花至种子成熟需 30～40 天。

◆ **生长习性**

莲藕是喜温作物，适于在炎热多雨季节生长。气温回升到 13℃以上，顶芽开始生长。初期生长缓慢，以后气温升高至 25～30℃，茎叶生长迅速。初期阴雨天气不利于莲藕生长。藕对土质要求不十分严格，但能保水、肥厚的黏质壤土较适宜藕的生长。

◆ **栽培**

中国长江流域以南多在 3～4 月上旬栽种，北京地区多在 5 月上旬栽种。莲藕主要在沼泽地（塘藕、湖藕）或水田（田藕）栽培。藕种须选择色泽光亮的母藕或充分成熟的子藕。播种方法宜随挖随栽。藕田一般前期保持 5～6 厘米浅水，以便日照土壤增温促进发芽抽叶；中期水深 15～16 厘米；后期再放浅水，以利结藕。叶柄与地下茎有通气组织相连，不能折断叶柄，以免进水引起植株腐烂。当荷叶枯萎，即可采收成熟藕。

干莲子

◆ 用途

莲藕富含淀粉、蛋白质和多种维生素。鲜藕可煮食、炒食、生食，也可腌渍、速冻或加工，亦可加工成藕粉。莲子依采摘时期不同分为鲜莲子和干莲子。干莲子多用于炖莲汤、煮粥。

海　带

海带是异鞭毛藻门褐藻纲海带目海带科海带属一种。是北太平洋西部特有的冷温性大型褐藻。自然生长在低潮线以下的岩礁上，自然分布于日本本州的金华山以北至俄罗斯千岛群岛南部、鄂霍次克海沿岸，以及日本海北部沿岸周边，包括日本北海道、俄罗斯萨哈林岛（库页岛）及鞑靼海峡沿岸至朝鲜半岛元山附近。中国人工养殖的海带，以及中国北方的辽宁大连和山东烟台、威海近岸后发的野生海带最早均源于日本。

◆ 形态特征

海带的生活史是典型的异型世代交替生活史。生活史分为大型孢子体和微型配子体两个世代。孢子体成熟后，单室孢子囊群产生游孢子。游孢子在基质上附着后，萌发成为单倍的雌、雄配子体，其中雌配子体为一个细胞，雄配子体多为数个细胞。配子体产生卵和精子，两者结合后萌发成为两倍的叶状体，即海带孢子体。海带孢子体主要分为固着器、柄和叶片。固着器由数次叉状分枝的假根组成。柄部往往较短，下部一般呈圆柱形，上部呈扁压状。叶片光滑呈革质，单条，片状且不分枝，具波状褶皱，基部宽圆，顶部较窄。叶片中央即称中带部，厚度一般为3～4毫米，沿中带部两侧各有一条线形纵沟。体长一般2～3米，宽20～30厘米。体色为浓褐色或黄褐色，且有光泽。海带孢子体叶片和柄部的组织结构大致相同，主要分为表皮、皮层和髓部3种组织。其生长方式为居间生长，生长点位于叶片基部及柄部上端之间的区域。

◆ **养殖概况**

海带是中国首先进行人工大规模养殖的海产经济物种。主要采用中国首创的夏苗培育法及筏式养殖法进行人工栽培，其主要工序一般分为育苗、海上幼苗暂养、分苗和海上养成、收割等几个步骤。育苗在每年的8月上旬至10月中旬期间进行，种海带选择并育成后，用棕帘等育苗器采集种海带释放的游孢子，在人工控制低温的育苗池中进行育苗。当秋季海面水温降至20℃以下时，海带幼苗出库，将苗绳移到海面浮筏上进行幼苗暂养，待体长长至12～15厘米时可进行分苗，分苗后在浮筏上进行养成。

◆ **用途**

海带主要做食品，是一种重要的海洋蔬菜，可晒干加工，也可加工鲜品。海带由于能够从海水中高效的富集碘，在中国曾作为碘的主要来源，用于治疗甲状腺肿及各种碘缺乏症。工业上，海带是提取褐藻酸钠、甘露醇和碘的重要原料。以海带作为原料的海藻肥有助于农业的增产增收。此外，海带也是某些海洋药物的重要来源之一。

裙带菜

裙带菜是褐藻门褐子纲海带目翅藻科裙带菜属一种。

◆ 分布

裙带菜为太平洋西岸所特有，从中国浙江的渔山岛起，经黄海、日本海到日本北海道附近均有分布。主要生产国为韩国、日本和中国。中国的主要产区在山东、辽宁大连和浙江沿海。

◆ 形态特征

裙带菜体长 1～1.5 米，宽 0.5～1 米，褐色或黄褐色，分为叶片、柄和固着器 3 部分。柄两侧有较宽的皱褶，称为孢子叶。叶片中部有中肋，两侧为羽状深裂片，薄且柔软。裙带菜孢子体幼期叶片呈卵形或长形，单条，在生长过程中逐渐出现羽状分裂，叶片中部有明显的中肋，有黑色小斑点，为黏液腺。藻体成熟时，固着器和叶片之间伸延出折叠状的孢子叶。

◆ 生长习性

裙带菜为温水性潮下带海藻，生长于低潮线以下至水深 5 米的岩石上，耐风浪。中国裙带菜野生群体主要分布在浙江的舟山群岛和嵊山岛附近，属于一年生植物，比海带能耐受更高的温度，一般耐温 15～20℃，水温在 13～15℃时快速生长。裙带菜主要依靠叶片从海水中吸收氮、磷和钙等生长所必需的营养元素，在体内进行合

干裙带菜

成、利用和转化。裙带菜光合作用合成的主要产物是褐藻酸和藻聚糖等多糖类，其生殖方式主要依靠游孢子来繁衍后代。

裙带菜常规生活史与海带的常规生活史过程一致。分孢子体和配子体两个世代。孢子体成熟后放散出游孢子，游孢子附着后发育成雌、雄配子体；配子体成熟后产生卵和精子，卵受精后萌发成为孢子体（裙带菜叶体）。

◆ **养殖**

20世纪60年代开始人工养殖。养殖过程分为育苗和养成两个阶段，育苗又有海上育苗和室内育苗之分。人工选育的品种有裙带菜"海宝1号"、裙带菜"海宝2号"。此外，还可与海带间养或者在海底自然增殖。

◆ **用途**

裙带菜属大型经济藻类。供食用，味道鲜美，可淡干、盐干或烫腌加工；也可入药，有软坚散结、消肿利水等功效。

麒麟菜

麒麟菜是红藻门红藻纲真红藻亚纲杉藻目红翎菜科富含不同类型卡拉胶的一大类海洋红藻的总称。主要包括麒麟菜属、卡帕藻属和琼枝藻属红藻。其中，琼枝属主要产 β 型卡拉胶，而麒麟菜属和卡帕藻属分别产 ι 型和 κ 型卡拉胶。这类海藻的外形复杂多样，有圆柱、扁压和扁平形；藻体颜色分别呈褐、绿、黄绿、翡翠绿、橄榄绿和咖啡等色泽。

野生麒麟菜类海藻一般生长在阳光充足、水质清澈、水流较大的热带海域的珊瑚礁上，尤其在鹿角珊瑚上分布最多，其次也生长在蔷薇珊瑚和菊花珊瑚上，少数种类生长在低潮带的石缝中。麒麟菜类海藻较脆、易折断，以营养繁殖为主，其无性和有性生殖较少且较其他红藻严重退化。

麒麟菜和卡帕藻多采用浮筏模式人工栽培，先将种苗绑于细尼龙绳上，再绑挂到经纬相交的粗绳上养殖，藻体生长速率快，重量可在7天内增加1倍，为提高藻体内含胶量和品质，人工栽培周期一般控制在40～45天。而琼枝的生长速度较慢，多采用水泥框片浅海底播方式栽培，每年可收获2～3次。

麒麟菜

麒麟菜全球年产量达数十万吨（干品），除少部分直接加工成凉拌食品外，大部分加工成卡拉胶，应用于果冻、冰激凌、牙膏、肉制品、糕点、软糖等的加工制造，发挥增稠、凝胶、悬浮、乳化和稳定作用；另外，还可用于新型药用辅料胶囊和包衣研制。中国是世界上卡拉胶生产和消耗最多的国家，但海藻原料却依赖于从东南亚国家进口，台风、鱼害、水温低和白化病是制约中国麒麟菜规模栽培的主要因素。

坛紫菜

坛紫菜是红藻门红藻纲红毛菜目红毛菜科紫菜属一种。一种温带性红藻，为中国特有种。主要分布于中国闽浙粤3省沿海的高潮带。

坛紫菜叶状体由叶片和固着器两部分构成，其形态多呈披针形，少数为亚卵形或长亚卵形，藻体呈暗褐红带绿，具有边缘刺。藻体一般由单层细胞构成，极少数个体的局部含双层细胞。天然的野生藻体长度一般只有 10 ～ 35 厘米，而人工栽培的藻体可达70 ～ 180 厘米。

大渔湾坛紫菜养殖场

在坛紫菜的生活史中存在着形态完全不同的叶状体（单倍体）和丝状体（双倍体）2 个世代。坛紫菜叶状体成熟后通过有性生殖产生果孢子，果孢子遇到贝壳等适宜的基质附着并钻入壳内，萌发成贝壳丝状体，后者成熟后放散出壳孢子并萌发成叶状体，由于壳孢子的最初二次细胞分裂为减数分裂，所形成的叶状体为基因型嵌合体，性别为雌雄同体。另外，坛紫菜的雌雄叶状体均可通过单性生殖，产生二倍体的纯合丝状体，其后代为单性且可育的叶状体。

坛紫菜营养价值较高，蛋白质含量为33.61%，脂类含量为0.95%，碳水化合物含量为52.33%，灰分含量为13.11%，是一种含高蛋白、低脂肪、味道鲜美的健康食品。

条斑紫菜

条斑紫菜是红藻门红藻亚门红毛菜纲红毛菜目红毛菜科新赤菜属一种。因其成熟藻体上雄性生殖细胞以条纹状或斑纹状镶嵌于雌性生殖细

条斑紫菜

胞中而得名。

主要分布在冷温带的紫菜物种，在中国自然分布于浙江南麂列岛以北的东海、黄海和渤海沿岸，还分布与朝鲜半岛和日本中北部沿海以及美国东海岸。

条斑紫菜具有叶状体（配子体）和丝状体（孢子体）异型世代交替的生活史，叶状体呈薄膜叶片状，多为卵形或长卵形。藻体紫黑或紫褐色。丝状体微小，呈分枝丝状，通常生长在软体动物的贝壳内，形成点状或斑块状的藻落，并呈现紫黑色。丝状体在无碳酸钙附着基质的人工培养条件下，悬浮生长于海水中，可形成藻落或藻球，称为游离丝状体，或称"自由丝状体"。

在自然界里，条斑紫菜多生长在中低潮带的岩礁上，生长期为11月至次年6月。条斑紫菜的有性生殖方式为叶状体生长至成熟后，藻体前端或边缘部分的营养细胞分别转化为有性生殖器官，受精后放散果孢子萌发成丝状体，丝状体发育成熟放散出壳孢子萌发成叶状体。除此之外，条斑紫菜在幼苗期或小紫菜期还会放散单孢子萌发成叶状体，进行无性生殖。

龙须菜

龙须菜是红藻门红藻纲真红藻亚纲杉藻目江蓠科龙须菜属（拟江蓠属）一种。传统分类学上，基于形态学、生殖特性，龙须菜被分类在江蓠属。然而分子生物学证据支持龙须菜与江蓠属红藻有一定的遗传差异，从而倾向于将其归于新属。龙须菜主要分布于中国山东省沿海，在北美加利福尼亚海湾西海岸和南美的秘鲁沿海也有分布。

◆ **形态特征**

龙须菜藻体红褐色，但是也会发现绿色或黄色的藻体或藻枝，这些颜色变异可能是色素突变表型，也可能是由于藻体为适应生长环境而发生的暂时性色变。龙须菜藻体直立，线形或细圆柱形，丛生在一固着器上，分支侧生，最多可有 3 级分枝。藻枝基部略粗，枝径 0.5 ~ 2 毫米，枝端逐渐尖细。自然状态下藻体多长至 15 ~ 31 厘米，栽培生长可数米甚至更长。不同藻体分枝多寡差别很大。

◆ **生长习性**

龙须菜生长于海水水质洁净、向阳的潮间带下部到潮下带，沙岩相间的底质，半埋于海沙里，以固着基固着在碎石上，藻枝在沙滩上生长。在中国山东沿海主要分布地区一年四季均有生存，每年有 2 个旺盛生长的季节，一个在 6 ~ 7 月，

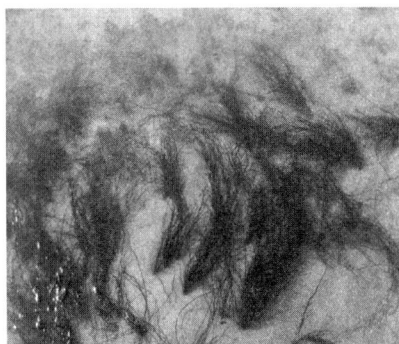

龙须菜

另一个在 10 ~ 11 月，每次持续时间约为 50 天。龙须菜的适温范围为 10 ~ 23℃，最适温度为 20 ~ 22℃。

◆ **生长与繁殖**

虽然龙须菜不像陆地植物有根茎叶的分化，但藻体不同部位有不同

的生理特性，其生长方式为顶端生长，每日生长速率可达 10% 以上。龙须菜有单倍的配子体和二倍的孢子体世代，具有同型世代交替型生活史。在未达到性成熟前四分孢子体与雌、雄配子体在外形上没有明显的区别，发育成熟时，雌配子体藻枝上可观察到凸起囊状的果孢子体（又称囊果），而四分孢子体的藻体表面布满色素较深的斑点，即四分孢子囊。龙须菜的孢子放散量极大，四分孢子体平均每 1 克（鲜重）藻体能达百万的放散量。

◆ 栽培概况

基于石花菜养殖困难，自 20 世纪 50 年代江蓠栽培从无至有发展迅速，70 年代探索出江蓠的半人工育苗技术和网帘夹苗栽培，80 年代全浮筏栽培技术的成功应用，促进了江蓠栽培发展。2009 年后，江蓠作为琼胶原料的比重由 1999 年的 63% 上升为 80%。而超过 90% 的江蓠产自中国，另有少部分产自越南和智利。而龙须菜是江蓠栽培产业化中规模最大且栽培最为成功的物种，因此在中国栽培上所指江蓠主要是龙须菜，其也成为江蓠中较为特殊的物种。

◆ 用途

龙须菜藻体的含胶量极高，可达 20% ～ 30%，所产琼胶质量也可以和石花菜相媲美。龙须菜除用以制造琼胶外，还广泛用于工农业、医药业，作为细菌、微生物的培养基。沿海群众也用其胶煮凉粉食用或直接炒食。龙须菜是一种高膳食纤维、高蛋白，低脂低热量，且富含矿物质和维生素的藻类，故还具有加工保健食品的前景。

第 3 章

陆生蔬菜

白 菜

白菜是十字花科芸薹属一二年生草本植物。以柔嫩的叶球、莲座叶或花茎供食用，是重要的蔬菜。原产于地中海沿岸和中国，除中国种植面积最大外，日本、朝鲜、韩国及东南亚国家种植较多，欧美各国也有种植。包括结球和不结球两大类群。由芸薹演变而来。中国人常说的"白菜"指大白菜和普通白菜，分别属于芸薹的两个亚种。古称"菘"，最早见于 4 世纪初晋郭璞的《方言注》。

◆ **形态和类型**

白菜根为浅根系，主根粗大，侧根发达，水平分布。营养生长时期茎为短缩茎；生殖生长时期短缩茎顶端抽生花茎，分枝 1 ~ 3 次，花茎淡绿至绿色。除薹用和分蘖类型外，腋芽不发达。叶片有毛或无毛，形态变异丰富，着生于短缩茎或花茎上，叶色黄绿、灰绿、浅绿至深绿、紫红色等。总状花序，虫媒花，完全花；花萼、花瓣均为 4 枚，十字形排列；花冠黄白、淡黄至深黄色；4 强雄蕊（共 6 枚雄蕊，其中 2 枚退化），雌蕊 1 枚。果实为长角果，成熟时易开裂。种子球形，微扁，有纵凹纹，红褐色至深褐色，少数黄色，无胚乳，千粒重 2.0 ～ 4.0 克。常温下种子使用年限为 2 ～ 3 年。

◆ **结球白菜**

结球白菜又称大白菜、黄芽菜。根据叶球抱合程度，主要分为 4 个变种：①散叶变种。叶片披张，不形成叶球。生产上已淘汰。②半结球变种。叶球松散，球顶开放，呈半结球状态。生产上也已淘汰。③花心变种。球叶以褶褶方式抱合成叶球，但叶球顶不闭合，叶片顶端向外翻卷。④结球变种。结球白菜进化的高级类型，球叶抱合

白菜

形成坚实的叶球，球顶钝尖或圆，闭合或近于闭合。叶球一般有卵圆形、平头形、直筒形。

◆ **不结球白菜**

不结球白菜的叶有明显的叶柄，无叶翅。不形成叶球。有 5 个变种：①普通白菜。又称小白菜或青菜，据叶柄颜色可分为青梗和白梗两种类型。②塌菜。分为塌地类型和半塌地类型。③菜薹。包括菜心和紫菜薹两个变种。④薹菜。分为圆叶薹菜和花叶薹菜。⑤分蘖白菜。又称多头菜。

◆ **生长习性**

白菜喜凉爽、湿润的气候条件，适宜在水分充足、肥沃的土壤中生长。

完成世代交替需要低温通过春化阶段，萌动种子或绿体植株经过一定时期15℃以下的低温通过春化。在长日照及较高温度条件下抽薹、开花，但不同品种对温度和长日照的要求有差异。

◆ 栽培

结球白菜生长适温为12～22℃，高于25℃时生长不良，10℃以下生长缓慢，5℃以下生长停顿，在-7～-5℃的持续低温下受冻害。春、夏、秋季种植所需品种不同。品种类型丰富，从大棵型到小棵型均有。直播或育苗移栽均可。种植密度1500～3000株/亩。一般早熟种比中、晚熟品种稍密。移栽适宜苗龄为15～20天。施肥时有机肥和无机肥配合使用。有机肥和无机磷肥主要作基肥施入，其他无机肥和速效有机肥作追肥。生长期追肥3～4次，重点施肥期在莲座末期至结球初期。生长期土壤水分以维持田间持水量的80%～90%为宜，收获前几天停止浇水，有利于提高耐贮性。

普通白菜生长适温为15～20℃，较耐寒，-3～-2℃下能安全越冬。普通白菜对低温的感应性因品种而异，春、夏、秋季均有适宜种植的品种。塌菜一般能耐-10～-8℃低温，但耐热性较弱。菜心对温度的适应范围广，在10～30℃条件下生长良好；紫菜薹适于在10～20℃下生长，要求较强的光照强度。薹菜耐寒性最强，生长适温为10～20℃，在25℃以上的高温及干燥条件下生长衰弱，易发生病害。白菜病害以病毒病、霜霉病和软腐病为害严重，此外还有根肿病、干烧心病、白斑病、黑斑病、黑腐病、炭疽病、菌核病等。主要害虫有蚜虫、菜青虫、小菜蛾、小地老虎等，南方还有黄条跳甲、菜螟等。

◆ 用途

结球白菜以叶球为产品器官，产量高且适于长期贮藏，是中国北方冬季和早春的主要蔬菜之一。结球白菜中含有较多的维生素C和钙、磷，还含有少量的胡萝卜素、铁、粗纤维、脂肪、蛋白质等。品质柔嫩，宜于炒食、煮食及生食，并可做馅及加工成酸菜、腌菜等。

普通白菜以绿叶为产品器官，因类型和品种繁多、适应性广、生长期短、高产且省工易种而在蔬菜周年生产供应上具有重要地位。营养丰富，维生素A、维生素B、维生素C以及钙和铁的含量比结球白菜高，鲜食、腌渍皆宜。菜心以菜薹为食用器官，是中国华南的特产蔬菜，在广东、广西栽培历史悠久，品种资源丰富，一年四季均可栽培。乌塌菜以深绿色叶片为食用器官，主要分布在长江流域，以秋冬季栽培为主；叶片中叶绿素含量较高，较耐低温，遇霜雪后味道更美。薹菜以嫩叶、叶柄、嫩茎和肉质根为食用器官，主要分布在黄淮流域。

结球甘蓝

结球甘蓝是十字花科芸薹属甘蓝种中两年生草本植物。又称洋白菜、卷心菜、包菜、圆白菜、疙瘩白、大头菜、包心菜、包包菜、莲花白、椰菜、茴子白。简称甘蓝。以柔嫩的叶球为食用器官。原产于地中海至北海沿岸，由不结球野生甘蓝演变驯化而来，13世纪欧洲出现了结球甘蓝类型。中国种植的结球甘蓝于16世纪中叶后通过陆路由俄国从北方和通过海路由欧洲从东南沿海传入，19世纪又从欧美国家引入许多品种。结球甘蓝适应性广、抗病性较强，产量较高、营养丰富，且易栽培、耐贮运，在中国和世界各地普遍种植，是重要的蔬菜。

结球甘蓝

◆ **形态和类型**

根为直根系，主根基部肥大，侧根、须根较发达，形成较密集的吸收根群。茎分为营养生长期的短缩茎和生殖生长期的花茎；短缩茎又分为外短缩茎和内短缩茎（叶球中心柱），外叶着生于前者，球叶着生于后者。在不同发育阶段叶片形态不同，幼苗叶和基生叶具有明显的叶柄；莲座叶叶柄逐渐变短，直到无叶柄。当外叶生长到一定数量（一般为 15 ～ 30 片）后，又从短缩茎新生出叶片（称为球叶或心叶），先端向内弯曲，合抱成为叶球。叶色黄绿、深绿至蓝绿，少数紫红色；叶片近圆形或倒卵圆形；叶面光滑无毛，有蜡粉。按叶片特征可分为普通甘蓝、皱叶甘蓝（叶面皱缩）及紫叶甘蓝（球叶为紫红色）。复总状花序；完全花，花萼、花瓣均为 4 枚，十字形排列，花冠多为淡黄色；4 强雄蕊（共 6 枚雄蕊，其中 2 枚退化），雌蕊 1 枚。果实为长角果，圆柱形，成熟后开裂。种子圆球形，红褐色或黑褐色，千粒重 3.3 ～ 4.5 克。中国主要栽培的普通甘蓝均为杂交一代品种。

◆ **生长习性**

生长最适温度为 15 ～ 20℃，在 5 ～ 10℃ 下也能缓慢生长。经过低温锻炼的幼苗能耐较长时间 -2 ～ -1℃ 或较短期 -5 ～ -3℃ 或极短期 -10 ～ -8℃ 的低温。莲座叶可在 7 ～ 25℃ 下生长，温度超过 25℃

紫叶甘蓝

且土壤潮湿时，莲座叶易徒长而推迟结球。成熟叶球因品种表现出不同的耐寒力，早熟品种可耐短期 -5 ～ -3℃，中、晚熟品种能耐短期 -8 ～ -5℃的低温。抽薹开花期的抗寒力很弱，10℃以下影响正常结实，花薹遇 -3 ～ -1℃的低温受冻。属长日照植物，对光的适应范围广，比较耐阴。对土壤适应性强，从沙壤土到黏壤土均可种植，适于微酸至中性土壤，有一定的耐盐碱能力。在空气相对湿度80% ～ 90% 和田间最大持水量70% ～ 80% 时生长良好。由营养生长过渡到生殖生长需要通过春化，春化适宜温度为10℃以下，2 ～ 5℃完成春化更快。通过春化需要一定的植株大小和时间，一般早熟品种长到4 ～ 6片叶，茎粗0.6厘米以上；中、晚熟品种长到6 ～ 8片叶，茎粗0.8厘米以上方，可接受低温通过春化。所需低温时间因品种而异，早熟品种30 ～ 40天，中熟品种40 ～ 60天，晚熟品种60 ～ 90天；但在适宜春化的温度范围内，温度越低，春化所需时间越短。

◆ **栽培**

中国除西北高寒地区外，其他地区结合保护地栽培基本可以实现周年供应。春季栽培宜选用冬性较强的早、中熟品种，以免发生"未熟抽薹"；夏、秋季栽培宜选用抗病、耐热的中、晚熟品种。在中国北方，露地与保护地结合可实现一年多茬栽培，分别为早春、春、夏、秋、越冬及温室甘蓝。每亩种植密度为早熟品种 4000 ～ 5000 株、中熟品种 3000 ～ 3500 株、晚熟品种 2000 ～ 3000 株。施肥因土壤肥力和品种而定。早熟品种生长期短，早追肥；中、晚熟品种生长期长，除基肥外，还应多次追肥。因根系较浅，外叶多，水分蒸腾量大，需水量多，整个生长期须多次灌溉，以保持土壤湿润；叶球形成后期应控制浇水，防止裂球。生长期间的主要害虫有蚜虫、菜青虫、小菜蛾、

结球甘蓝露地栽培

甘蓝夜盗蛾等；主要病害有病毒病、黑腐病、黄萎病等。

◆ 用途

结球甘蓝叶球每 100 克鲜重含维生素 C 24 ～ 60 毫克，并含钙、磷等矿物质元素。球叶质地脆嫩，可炒食、煮食、凉拌、腌渍或干制。

抱子甘蓝

抱子甘蓝是十字花科芸薹属甘蓝种二年生草本植物。以腋芽形成的小叶球为食用器官。原产于地中海沿岸，由甘蓝进化而来。最早于 18 世纪出现在比利时的布鲁塞尔，从 19 世纪开始逐渐成为欧洲、北美洲国家的重要蔬菜之一，在英国、德国、法国等国家种植面积较大。清末，抱子甘蓝由荷兰引入中国，在中国大中城市近郊有小面积栽培。

◆ **形态特征**

抱子甘蓝主根不发达,须根多。茎直立高大,顶芽和侧芽均发达,

抱子甘蓝的小叶球

顶芽开展生长,形成同化叶,叶柄较长,叶片稍狭,叶缘上卷,呈勺子形。腋芽可形成许多绿色的小叶球,由于生长在叶腋间的叶球很符合"子附母怀"的意境,所以被称为"抱子甘蓝"。总状花序,异花授粉;完全花,花萼、花瓣均为4枚,十字形排列;4强雄蕊(共6枚雄蕊,其中2枚退化),雌蕊1枚。果实为角果。种子圆球形,

黑褐色无光泽,千粒重3克左右。

◆ **生长习性**

抱子甘蓝喜冷凉,耐霜冻,不耐高温,生长发育适宜温度为12～20℃。幼苗对温度适应性强,能忍受-15℃的低温和35℃的高温。结球适温为10～15℃,高于23℃不利于叶球形成。小叶球的形成需充足的阳光、较短的日照。对土壤的适应性广,适宜在土层深厚、有机质丰富、pH为6.0～6.8的沙壤土和黏壤土栽培。不耐旱,要保持土壤湿润,但不能积水。抽薹开花需要较长时间的长日照。

◆ **栽培**

抱子甘蓝常采用育苗移栽,适宜苗龄为35～45天。移栽后的生长前期,田间应进行中耕松土、除草,并结合中耕进行培土,防止植

株倒伏；生长中期，水分管
理以土壤见干见湿为原则。
当下部小叶球开始形成时，
要经常灌溉，使土壤保持充
足水分。当植株茎中部形成
小叶球时，要把下部老叶、
黄叶摘去，有利于通风透光，

采收后的抱子甘蓝

促进小叶球发育，也便于小叶球采收。当小叶球紧实后，由下而上逐渐
采收。生长期内主要病害有菌核病、霜霉病、软腐病和黑腐病，害虫主
要有蚜虫、菜粉蝶、小菜蛾和甘蓝夜蛾等。

◆ 用途

抱子甘蓝的小叶球鲜嫩，可炒食、凉拌、腌制泡菜或加工制罐；也
可作汤菜、火锅菜用。小叶球营养丰富，蛋白质含量高，居甘蓝类蔬菜
之首，维生素 C 和微量元素硒的含量也较高。

羽衣甘蓝

羽衣甘蓝是十字花科芸薹属甘蓝种两年生草本植物。别称绿叶甘蓝、
牡丹菜、海甘蓝、无头甘蓝。以羽状嫩叶为食用器官。羽衣甘蓝为栽培
甘蓝的原始种形态，欧洲种植最早、最普遍。

◆ 形态特征

羽衣甘蓝主根粗大，根系发达。营养茎短缩，坚硬，叶片紧密互生；
花茎高大，直立无分枝。叶片形态美观多变，叶长椭圆形，卷皱多，叶

缘羽状分裂；根据叶片形态，有光叶、皱叶、裂叶、波浪叶之分；根据外部叶片颜色，可分为紫红、鲜红、翠绿、黄绿、蓝绿或红中间绿等类型；内部叶叶色极为丰富，有黄色、白色、粉红色、红色、玫瑰红色、紫红色、青灰色和杂色等。有观赏用羽衣甘蓝，亦有菜用羽衣甘蓝。总状花序，异花授粉。角果呈扁圆柱形。种子球形或

羽衣甘蓝

扁球形，黄褐色、红褐色或黑褐色，千粒重约 4 克。

◆ **生长习性**

羽衣甘蓝喜冷凉温和的气候，生长适温为 20 ～ 25℃；但其耐寒、耐热能力也强，可耐 -6 ～ -4℃的低温和 35℃的高温。属长日照植物，较耐阴，但阳光充足时叶片生长快、品质佳。对土壤适应性强，pH 为 5.5 ～ 6.8 的沙壤土和黏壤土最适，喜土壤湿润，但不耐涝。温暖、长日照条件下抽薹开花。

◆ **栽培**

羽衣甘蓝在中国华南地区宜秋季露地栽培，冬春收获；长江流域春季设施栽培，可在 3 月上旬定植；秋季种植多在 7 ～ 8 月育苗。每亩种植密度为 2500 ～ 3000 株。外叶长至 10 ～ 20 片时，可陆续采收心部展开的 15 ～ 20 厘米的嫩叶，每次单株可采 3 ～ 5 片。病害主要有霜霉病、软腐病和黑斑病等，害虫主要有蚜虫、菜青虫、小青虫、甜菜夜蛾等。

◆ 用途

羽衣甘蓝可用作蔬菜、饲料或观赏植物。嫩叶维生素 C、胡萝卜素等营养物质含量较高，矿物质丰富，其中钙、铁和钾含量高于结球甘蓝，可炒食、凉拌、做汤，在欧美国家多用其配上各色蔬菜制成色拉。风味清鲜，烹调后保持鲜美的碧绿色。也可作为观赏花卉，观赏期长，叶色极为鲜艳，公园、街头、花坛常用羽衣甘蓝镶边和组成各种美丽的图案，具有很高的观赏价值。因其叶色多样，是盆栽观叶的佳品。

萝　卜

萝卜是十字花科萝卜属二年生或一年生草本植物。以根作蔬菜食用。萝卜的原始种起源于欧、亚温暖海岸的野萝卜，是世界古老的栽培作物之一。约公元前 2500 年，萝卜已成为埃及的重要食品。中国各地普遍栽培。

◆ 形态特征

萝卜植株高 20 ～ 100 厘米。直根肉质，长圆形、球形或圆锥形，外皮绿色、白色或红色。茎有分枝，无毛，稍具粉霜。总状花序顶生及腋生，花白色或粉红色，果梗长 1 ～ 1.5 厘米。花期 4 ～ 5 月，果期 5 ～ 6 月。

◆ 分类

萝卜主要分为中国萝卜和四季萝卜。

中国萝卜

依照生态型和冬性强弱分为 4 个基本类型：①秋冬萝卜类型。中

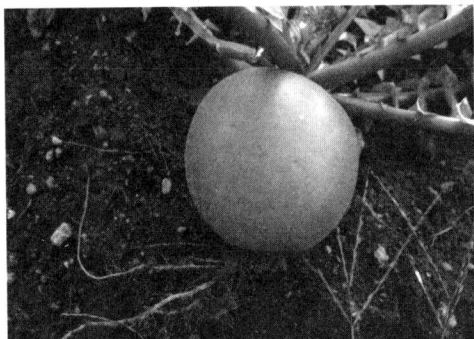

萝卜的根（外皮红色）

国普遍栽培类型。夏末秋初播种，秋末冬初收获，生长期60～100天，根据皮色和用途可分为红皮、绿色、白皮、绿皮红心等不同的品种群，代表品种有薛城长红、济南青圆脆、石家庄白萝卜、北京心里美和澄海白沙火车头等。②冬春萝卜类型。中国长江以南及四川省等冬季不太寒冷的地区种植。耐寒，冬性强，不易糠心。代表品种有成都春不老萝卜、杭州笕桥大红缨萝卜和澄海南畔洲晚萝卜等。③春夏萝卜类型。中国普遍种植。较耐寒，冬性较强，生长期较短，一般为45～60天，播种期或栽培管理不当易先期抽薹。代表品种有北京炮竹筒、蓬莱春萝卜、南京五月红。④夏秋萝卜类型。中国黄河流域以南栽培较多，常作夏、秋淡季的蔬菜。较耐湿、耐热，生长期50～70天。代表品种有杭州小钩白、广州蜡烛趸等。

四季萝卜

四季萝卜叶小，叶柄细，茸毛多。肉质根较小而极早熟，适于生食和腌渍。主要分布在欧洲，尤以欧洲西部栽培普遍，美国等已引入栽培，中国、日本也有少量种植。中国栽培的四季萝卜品种有南京扬花萝卜、上海小红萝卜、烟台红丁等。

◆ **生长习性**

萝卜属半耐寒性作物，喜冷凉气候。肉质根遇高温生长不良，但温度低至 6℃以下时停止膨大，0℃受冻害。要求日照长。春播后如苗期长期低温，会在肉质根未充分肥大前先期抽薹，失去食用价值。适应各种土壤，以沙壤土最为适宜。以秋季露地栽培为主。生长前期宜多中耕，少浇水，以控制地上部叶子生长过旺，促进肉质根发育。待肉质根开始膨大，须不断供水保持土壤湿润，使肉质根迅速生长。

◆ **用途**

萝卜营养丰富，含碳水化合物和多种维生素，其中维生素C的含量比梨高 8～10 倍，能抑制黑色素合成，阻止脂肪氧化，防止脂肪沉积。含有能诱导人体自身产生干扰素的多种微量元素以及大量的植物蛋白和叶酸，食用后可洁净血液和皮肤，降低胆固醇，维持血管弹性。种子、鲜根、枯根、叶皆可入药。种子消食化痰；鲜根止渴，助消化；枯根利二便；叶治初痢，并预防痢疾。种子还可榨油，供工业用及食用。

胡萝卜

胡萝卜是伞形科胡萝卜属二年生草本植物。又称红萝卜、甘荀。为野胡萝卜的变种，以肉质根作蔬菜食用。

◆ **形态特征**

胡萝卜植株高 15～120 厘米。茎单生，全体有白色粗硬毛。基生叶薄膜质，长圆形。叶柄长 3～12 厘米。茎生叶近无柄，有叶鞘。复伞形花序，花序梗长 10～55 厘米，有糙硬毛。总苞有多数苞片，呈叶状，羽状分裂。伞辐多数，结果时外缘的伞辐向内弯曲。小总苞片 5～7，线形。花通常白色，有时带淡红色。花柄不等长，长 3～10 毫米。果实圆卵形，长 3 ～ 4 毫米，宽 2 毫米，棱上有白色刺毛。花期 5 ～ 7 月。

◆ 生长习性

胡萝卜喜冷凉气候，生长适宜温度为 15 ～ 25℃，喜强光和相对干燥的空气条件。土壤要求干湿交替，水分充沛，疏松、通透、肥沃，具有一定形态质地和养分含量。

◆ 栽培

胡萝卜栽培需要具备灌溉条件且交通方便的地块，注意雨涝地块，玉米、胡麻用过除草剂地块，生荒地块不宜种植胡萝卜。较耐旱，尤其是苗期，30% ～ 50%

采收的胡萝卜

的土壤含水量能正常生长。需较大的温差和充足全面的养分，以利肉质根的发育，同时保证较高的胡萝卜素、茄红素含量。土壤温度稳定在 8℃ 以上时可播种，15℃ 以上开始萌芽，最适宜生长温度为日温 23 ～ 25℃，夜温 12 ～ 15℃。温差大可使胡萝卜糖度增加，品质优胜。

◆ 用途

胡萝卜质脆味美、营养丰富，素有"小人参"之称。富含糖类、脂肪、挥发油、胡萝卜素、维生素 A、维生素 B_1、维生素 B_2、花青素、钙、铁等营养成分。每 100 克胡萝卜中，约含蛋白质 0.6 克、脂肪 0.3 克、糖类 7.6 ～ 8.3 克、铁 0.6 毫克、维生素 A 1.35 ～ 17.25 毫克、维生素 B_1 0.02 ～ 0.04 毫克、维生素 B_2 0.04 ～ 0.05 毫克、维生素 C 12 毫克、热量 150.7 千焦，另含果胶、淀粉、无机盐和多种氨基酸。各类品种中，尤以深橘红色胡萝卜含有的胡萝卜素最高。

茄 子

茄子是茄科茄属一年生草本植物。古称酪酥、昆仑瓜。以幼嫩果实供食用。原产于东南亚，4 ～ 5 世纪传入中国，7 ～ 8 世纪又从中国传入日本。贾思勰著《齐民要术》中有茄子栽培的记载，明《本草纲目》附有茄的插图。中国南北各地均有栽培。茄子在传入中国的同时，向西经波斯传入阿拉伯及非洲北部，到 13 世纪才传入欧洲，17 世纪又从欧洲传到北美洲，欧美只在低纬度地区有少量栽培。

◆ **形态和类型**

茄子植株高 1.0 ～ 1.3 米，茎基部木质，直立，分枝性强，单叶互生。当幼苗长出 6 ～ 9 片叶后着生第一朵花，花萼基部为筒状钟形，先端为 5 ～ 7 深裂，裂片披针形，有刺，花单生或簇生。浆果，球圆、扁圆、长圆、卵圆或长条形；颜色紫红、红、绿或乳白。果皮紫红色是由于果皮细胞中含有飞燕草素及其糖苷，须在曝光下形成。成熟时，果实不论绿色或紫红色，均转为棕黄色。食用部分包括果皮、胎座及"心髓"部分，均由海绵状薄壁组织组成，其细胞间隙较多，组织松软。种子千粒重 3.6 ～ 4.0 克。

栽培的茄子包括 3 个变种：①圆茄。植株高大，果形大而圆，属华北生态型。②长茄。植株高度中等，果形较小而细长，属华南生态型。③矮茄。植株较矮，果实卵形，皮厚而籽多，但抗性强。

◆ **栽培**

茄子属喜温作物，较耐高温，结果的适宜温度为 25 ～ 30℃。中国南北各地多在夏季栽培，但温度高于 35℃时也会导致花器发育不良，影响果实生长。以露地栽培为主，长江流域多于冬季至早春在苗床播种育苗，北方各省于早春利用温床或阳畦播种育苗。断霜以后定植到露地。华南可在春末夏秋露地播种育苗。由于茄子的结

茄子以露地栽培为主

果期长，除要有充足的基肥外，还要求多次追肥（以氮肥为主，适当增施磷肥、钾肥）。茄子果实宜在幼嫩时采收，过熟时不但营养下降，而且果皮变厚，种子发育变硬，不适于食用。

◆ **用途**

果实含较多的蛋白质及矿物质。富含维生素 P，紫色品种富含花青素等，具有预防心血管疾病和抗氧化的保健功效。果内组织中含有生物碱，使其带涩味，不宜生吃。除作蔬菜煮食外，也可制成茄干、茄酱或腌渍茄。

番　茄

番茄是茄科茄属一年生草本植物。在热带地区为多年生。又称西红

柿。主要以成熟果实作蔬菜或水果食用。原产于南美洲的秘鲁、厄瓜多尔等地，后传至墨西哥，驯化为栽培种。在安第斯山脉至今还有原始野生种。有研究结果表明，栽培番茄是由一种叫作醋栗番茄的野生番茄驯化而来的。16 世纪中叶，由西班牙、葡萄牙商人从美洲带到欧洲，再由欧洲传至亚洲等地。初以其鲜红的果实作为庭园观赏用，后才逐渐食用。中国、印度、美国、土耳其、埃及、伊朗、意大利、西班牙、巴西和墨西哥等是世界上番茄栽培面积较大的国家。

◆ **形态和类型**

番茄植株按照主茎是否不断向上生长分为无限生长类型和有限生长类型。无限生长类型植株较高大，生长不受限制，节间较长，蔓生；有限生长类型植株矮小，节间较短，生长势弱，茎为蔓性或半直立。番茄根系发达，茎节易生不定根。叶为不整齐羽状分裂或羽状复叶。茎、叶表面均被柔毛，还有能分泌具有浓烈气味物质的腺毛。总状花序或复总状花序，每个花序有花数朵至数十朵。浆果，有圆形、

番茄

扁圆形、椭圆形、长圆形、梨形及倒卵形等，大的可达 500 克以上，小的不到 10 克。幼果含叶绿素，呈绿色；成熟果实有红色、粉红色、黄色及紫色等不同颜色，红色和粉红色果实含有番茄红素。生产上栽培的番茄可分为三大类：鲜食番茄、樱桃番茄和加工番茄。

中国栽培的番茄品种，有从荷兰、以色列、美国、日本、法国、意大利等国引进的，也有中国自己育成的。鲜食品种绝大多数为无限生长类型，果实较大，成熟果实为大红色或粉红色，风味浓郁，甜酸可口。樱桃番茄既有无限生长类型，也有有限生长类型，果实 10 ～ 30 克，可溶性固形物含量可达 8% 以上。加工品种均为有限生长类型，果实一般较小，果皮坚韧耐压，番茄红素及可溶性固形物含量高。适宜机械采收的加工番茄还要求果实成熟期一致，果柄没有离层。

◆ **栽培和采收**

番茄为喜温作物，生长的适宜温度为 20 ～ 25℃，结果期以昼温 25 ～ 28℃、夜温 16 ～ 20℃为宜。夜温低于 15℃或高于 30℃会妨碍正常授粉受精，引起落花。对日照长短不敏感，若温度适宜，则一年四季均可栽培。中国北方以早春茬和秋冬茬日光温室栽培及春夏茬和秋茬塑料大棚栽培为主，也有部分区域有大棚及露地越夏栽培。长江流域春大棚栽培较多，华南及西南部分区域以越冬露地栽培为主。番茄对土壤的适应性较广，土壤pH以6 ～ 6.5为宜。耐涝性差，要求有良好的排水条件。对肥料的需求量较大，除要求充足的氮肥外，增施磷、钾肥有利于提高果实的产量和品质。

番茄栽培普遍采用育苗移栽，并越来越多地采用工厂化穴盘育苗。苗龄 30 ～ 60 天，因季节不同而异。若是嫁接育苗，苗龄要长一些。栽培密度为 2000 ～ 4000 株 / 亩。植株长大后要支架或吊蔓，及时整枝打杈、绑蔓，并根据茬口安排适时摘心。加工番茄栽培不用支架，也很少整枝。番茄的主要病害有病毒病、青枯病、早疫病、晚疫病、叶霉病、灰霉病、叶斑病等；主要为害害虫有蚜虫、烟粉虱、蓟马和烟青虫等。

番茄的成熟采收标准因用途而异，就地鲜销的，一般在红熟初期采收；供加工用的，在完全红熟时采收；长途运销的，则在果实充分膨大后的转色期采收。为提高品质，无论是就近销售还是远距离销售，越来越倾向于完全转色后采收。鲜食番茄果实多用手工分次采摘，加工番茄在生产上几乎全部采用一次性机械化采收。

◆ 用途

番茄是食物中维生素 C 的重要来源，每 100 克鲜果中一般含有维生素 C 20 ～ 30 毫克，β- 胡萝卜素（维生素 A 原）1000 国际单位。所含的糖分主要是葡萄糖和果糖，酸味主要来自柠檬酸，其次是苹果酸。果实糖酸含量和比例及芳香物质含量是决定食用风味的重要因素。种子含脂肪 20% ～ 30%、蛋白质 20%，可制取高级食用油、番茄蛋白。鲜食番茄果实既可作为蔬菜也可作为水果，既可生食也可熟食。加工番茄用来加工制作番茄酱、番茄汁和番茄丁等，还可从中提取番茄红素作为保健品。

黄　瓜

黄瓜是葫芦科甜瓜属一年生蔓性草本植物。又称胡瓜。主要以果实供食用。黄瓜在汉代张骞出使西域时传入中国，经长期栽培，形成了华北生态型品种群；另由东南沿海传入的种品形成了华南生态型品种群。黄瓜又先后由中国传入朝鲜半岛、日本等地。中国是黄瓜的次生起源中心。黄瓜已成为世界各地普遍栽培的重要蔬菜。

◆ 形态和类型

黄瓜根系分布浅，再生能力较弱。茎蔓性，长可达 3 米以上，有分枝。叶掌状，大而薄，叶缘有细锯齿。花通常为单性，雌雄同株。雄花单生或簇生，一簇花可多至数十朵；雌花一般单生，子房下位，可单性结实。瓠果，长数厘米至 70 厘米以上。子房多为 3 心室。嫩果颜色由乳白至深绿，果面光滑或具白、褐或黑色的瘤刺。有的果实含葫芦素而味苦。种子扁平，长椭圆形，种皮浅黄色。千粒重 32 ～ 40 克。

根据黄瓜的分布区域及其生态学性状，可分为 5 种类型：①南亚型。分布于南亚各地。茎叶粗大，易分枝，果实大，单果重 1 ～ 5 千克，果短圆筒或长圆筒形，皮色浅，瘤稀，刺黑或白色。皮厚，味淡。喜湿热，严格要求短日照。②华南型。分布在中国长江以南及日本各地。茎叶较繁茂，耐湿、热，为短日性植物，果实较小，瘤稀，多黑刺。嫩果绿、绿白、黄白色，味淡；熟果黄褐色，有网纹。③华北型。分布于中国黄河流域以北及朝鲜、日本等地。植株生长势中等，喜土壤湿润、天气晴朗的自然条件，对日照长短的反应不敏感。嫩果棍棒状，绿色，瘤密，多白刺；熟果黄白色，无网纹。④欧美型。分布于欧洲及北美洲各地。茎叶繁茂，果实圆筒形，中等大小，瘤稀，白刺，味清淡，熟果浅黄或黄褐色，有东欧、北欧、北美等品种群。欧美温室黄瓜分布于英国、荷兰。茎叶繁茂，耐低温弱光，果面光滑，浅绿色，果实长。

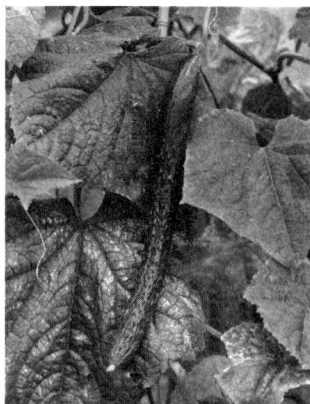

华北型黄瓜

⑤小型黄瓜。分布于亚洲及欧美各地。植株较矮小,分枝性强。多花多果。

◆ 生长习性

黄瓜喜温暖,不耐寒冷。生育适温为 10 ～ 32℃。一般白天 25 ～ 32℃,夜间 15 ～ 18℃生长最好。最适宜地温为 20 ～ 25℃,最低为 15℃左右。最适宜的昼夜温差为 10 ～ 15℃。高温 35℃光合作用不良,45℃出现高温障碍,低温 -2 ～ 0℃冻死,如果是低温炼苗可承受 3℃的低温。黄瓜对日照长短要求不严格,其光饱和点为 5.5 万勒克斯,光补偿点为 1500 勒克斯,多数品种在 8 ～ 11 小时的短日照条件下生长良好。黄瓜产量高,需水量大。适宜土壤湿度为 60% ～ 90%,幼苗期水分不宜过多,土壤湿度 60% ～ 70%,结果期必须供给充足的水分,土壤湿度 80% ～ 90%。适宜的空气相对湿度为 60% ～ 90%,空气相对湿度过大很容易发病,造成减产。黄瓜喜湿而不耐涝、喜肥而不耐肥,宜选择富含有机质的肥沃土壤。适于在 pH 为 5.5 ～ 7.2 的土壤种植,但以 pH 为 6.5 的土壤最宜。

◆ 栽培

黄瓜可四季栽培。多育苗移栽,支架栽培。生长期长,需肥量大,以基肥为主,在生长期间多次追肥。采收分次进行。嫩果一般在雌花开放后 7 ～ 15 天采收。每隔 1 ～ 2 天采收一次。主要病害有霜霉病、白粉病、枯萎病、疫病、角斑病和炭疽病,主要为害害虫有棉蚜、红蜘蛛、烟粉虱、黄守瓜和种蝇。

◆ 用途

黄瓜嫩果多作蔬菜食用,可生食,也有老熟瓜炖肉汤用。果肉中每

100 克鲜重含维生素 C 约 14 毫克。所含蛋白酶有助于人体对蛋白质的消化吸收。果实可酸渍或酱渍。酱黄瓜是中国特有的传统佐餐佳品。

芹　菜

芹菜是伞形科芹属二年生草本植物。又称旱芹、药芹、胡芹。以叶柄作蔬菜食用。原产于地中海沿岸的沼泽地带。在古希腊、罗马时代已作为药材和香料使用，并较早地在地中海沿岸栽培，后渐东移。中国《尔雅》中有"芹，楚葵也"。《齐民要术》中有关于芹菜栽培技术的记载，所指多属水芹。直至明代李时珍著《本草纲目》，才有旱芹和水芹之分。芹菜可分为旱芹（青芹）、水芹（白芹）、西芹（香芹）3 种，中国南北各地均有种植。

◆ 形态特征

芹菜株高 60～90 厘米，侧根发达，多分布在土壤表层。叶着生在短缩茎上，叶柄基部有分生组织，能逐渐伸长。芹菜按叶柄形态可分为细柄种及宽柄种两类，前者叶柄细长，生长健壮，适于密植，易栽培，生育期一般较宽柄种为短，由于中国普遍栽培，通称"本芹"；宽柄种多由欧美引入，叶柄宽厚，肉质脆嫩，外形光滑，品质优良，但在冷凉气候下较难栽培，通称"西芹"。除叶用种外，

芹菜

尚有变种根芹菜，根肥大而圆，中国也有栽培。

◆ **生长习性**

芹菜性喜冷凉、湿润的气候，属半耐寒性蔬菜，不耐高温，可耐短期0℃以下低温。种子发芽最低温度为4℃，最适温度为15～20℃，15℃以下发芽延迟，30℃以上几乎不发芽；幼苗能耐-7～-5℃低温，属绿体春化型植物，3～4片叶的幼苗在2～10℃条件下经过10～30天通过春化阶段。西芹抗寒性较差，幼苗不耐霜冻，完成春化的适温为12～13℃。

◆ **栽培**

由于种子小，生长期长，多采用育苗移栽，但也有直播的。中国各地都在春、夏至秋季播种育苗。从播种到收获需100～140天。中国北方除在露地栽培外，还可在温室、阳畦和塑料薄膜棚中栽培。常见的病害有软腐病、斑枯病、斑点病，为害害虫有蚜虫等。

◆ **用途**

芹菜含芳香油、蛋白质、无机盐和丰富的维生素。叶用芹维生素C含量较多，根用芹维生素C含量略少，矿物质和纤维素较丰富。芹菜是高纤维食物，经肠内消化作用产生木质素或肠内酯，这类物质是抗氧化剂，因此常吃芹菜可帮助皮肤有效地抗衰老，达到美白护肤的功效。除作蔬菜外，芹菜在中医学上有止血、益气、利尿、降血压等功能。果实中的芳香油经蒸馏提炼后可用作调和香精的原料。

菜　豆

菜豆是豆科菜豆属一年生草本植物。又称四季豆、芸豆、芸扁豆、

菜豆

刀豆、敏豆。以嫩荚或豆粒供食用。原产于中南美洲，16世纪末传入中国，后传至日本，广泛分布于世界各地。普通菜豆在中国经过长期选择，其荚果产生了失去荚壁上硬质层、可食用的基因突变，演变成食荚菜豆，因此中国是菜豆的次生起源中心，中国也是世界上最大的菜豆生产国和消费国。

◆ 形态和类型

菜豆根系较发达，但再生能力较弱。茎蔓生、半蔓生或矮生。初生真叶为对生单叶，以后的真叶为三出复叶，近心形。总状花序腋生，蝶形花，花冠白、黄、淡紫或紫色。荚果长10～20厘米，形状直或稍弯曲，横断面圆形或扁圆形，表皮密被绒毛；嫩荚呈深浅不一的绿、黄、紫红（或有斑纹）等颜色，成熟时黄白至黄褐色。种子着生在豆荚内，通常4～9粒，形状有肾形、长或短筒形等，颜色有黑、白、紫、黄等单色和带有条纹的复色。按茎的生长习性可分为蔓生种、矮生种和半蔓生种；按熟性可分为早熟型、中熟型、晚熟型品种；按荚果结构可分为硬荚菜豆和软荚菜豆；按用途可分为荚用种和粒用种。

◆ 生长习性

菜豆喜温，不耐霜冻，生长适宜温度为15～25℃，开花结荚适温为20～25℃，35℃以上高温或15℃以下低温都会降低花粉活力，引起落花落荚。属短日照植物，多数品种对日照长短的要求不严格，但对光照强度要求较高，光照充足则光合能力强，开花结荚就多。

◆ 栽培

菜豆忌重茬，栽培时宜实行 2 ～ 3 年轮作。应选择土层深厚、松软、腐殖质多且排水良好的土壤栽培，土壤 pH 以 6 ～ 7 为宜。对肥料的需求以氮、钾肥为主，磷、钙肥需求相对较少。菜豆在中国南北方均广泛种植，露地在西北和东北地区为春夏栽培，在华北、长江流域和华南为春播和秋播。除露地外，还可利用人工保护设施进行周年生产，均衡供应。播种密度因类型和品种而异，矮生菜豆亩用种量 6 ～ 7 千克，蔓生或半蔓生菜豆亩用种量 4 ～ 5 千克。直播或育苗移栽均可，每穴留苗 3 株，蔓生菜豆在幼苗 4 ～ 5 片真叶时要及时搭架引蔓。一般开花 10 ～ 15 天后，嫩荚充分长大，豆粒刚开始发育时即可采收嫩豆荚。矮生菜豆可连续采收 20 ～ 30 天，蔓生菜豆可连续采收 45 ～ 60 天。菜豆主要病害有炭疽病、锈病、根腐病、病毒病，主要为害害虫有豆蚜、豆荚螟、地蛆、白粉虱、斑潜蝇。

◆ 用途

食荚菜豆营养丰富，食味鲜美，每 100 克嫩荚富含蛋白质 2 ～ 3.2 克，还含有丰富的矿质元素、糖、维生素、氨基酸等其他成分；每 100 克干豆粒富含蛋白质 20 ～ 25 克、淀粉 59.6%。鲜嫩荚可作蔬菜食用，也可制脱水蔬菜、速冻蔬菜或罐头。菜豆含多种有生物活性的物质，具有降脂、降糖、抗氧化等保健功效。

豇 豆

豇豆是豆科豇豆属一年生草本植物。又称豆角、带豆、筷豆、蹘。以嫩荚及种子供食用。原产于西非，中国和印度是重要次生起源中心。公元前 3 世纪传入欧洲，广泛分布于世界各地。

◆ **形态和类型**

豇豆根系较发达，具根瘤。茎有矮生、蔓生、半蔓生 3 种。矮生种茎蔓直立，花芽顶生；蔓生种茎蔓节间较长，生长旺盛，长达 3 米以上；半蔓生种生长中等，蔓长 1～2 米，茎蔓均呈左旋性缠绕。基生叶为对生单叶，以后的真叶为三出复叶，互生。总状花序，矮生种花序侧生和顶生，半蔓生和蔓生种花序侧生，花为蝶形花，自花传粉，每花序一般结荚 1～2

豇豆

对。荚果有淡绿、深绿、紫红或间有花斑等色，长 10～90 厘米。种子肾形，红色、黑色或红白、黑白相间。

栽培豇豆有 3 个亚种：①矮豇豆。属矮生、硬荚类型，荚果小，朝上直立，长 7～13 厘米，种子很小。②普通豇豆。属半蔓生或蔓生类型，耐旱力和适应性较强，荚果长度在 30 厘米以内，下垂。③长豇豆。属蔓生类型，荚果长 30～90 厘米，下垂，纤维少，肉质肥嫩。

◆ **生长习性**

豇豆喜温耐热，不耐霜冻，适宜生长温度为 25～28℃；低于

20℃，果荚发育缓慢，易出现弯曲、锈斑；高于 35℃易导致受精不良。长豇豆多属日照中性植物，在中国长城以北一年一茬，长江流域可在春、夏栽培，华南则春、夏、秋均可种植；矮豇豆和普通豇豆属短日性，在南北各地均为一年一茬，可与高秆作物间作。豇豆对土壤的适应性广，但以 pH 为 5 ～ 7.2 的沙质土及壤土为宜。

◆ 栽培

豇豆可直播也可育苗移栽，一般情况下，育苗移栽比直播增产25% ～ 35%。播种时，种子覆土厚度为 2 ～ 3 厘米，然后覆盖塑料薄膜小拱棚保温。当第一对真叶露出而未展开时，即可定植到大田。种植密度为每亩2500 ～ 3500 穴，每穴 3 株。植株长到25 ～ 35 厘米、5 ～ 6片叶时，要及时搭架引蔓（矮蔓品种除外）。豇豆主要病害有花叶病毒病、锈病、煤霉病和疫病等，主要害虫有豆蚜、豇豆荚螟、甜菜夜蛾等。

◆ 用途

豇豆嫩荚富含蛋白质、矿质元素、氨基酸、维生素 C 等，可作蔬菜食用；干籽粒除含淀粉外，蛋白质含量也很丰富，与米共煮可作主食，或制成豆沙做糕点馅用。茎叶既可作优质饲料，也可作绿肥。

冬　瓜

冬瓜是葫芦科冬瓜属一年生攀缘草本植物。又称白瓜、白冬瓜、东瓜。主要以果实供食用。原产于中国南部及东南亚、印度等地。中国从秦汉时的《神农本草经》就有栽培记载，3 世纪初张揖撰《广雅·释草》也有冬瓜的记载。《齐民要术》中记述了冬瓜的栽培及酱渍方法。日本在

9世纪已有记录。16世纪印度有冬瓜的记载,至20世纪末已遍及全印度。欧洲于16世纪开始栽培,19世纪由法国传入美国。20世纪70年代以后由中国传入非洲。冬瓜栽培仍以中国、东南亚和印度等地为主。

◆ **形态和类型**

冬瓜主根和侧根发达。茎蔓生,五棱,中空被茸毛。茎蔓各节可发生侧蔓、花芽和卷须。叶柄粗壮,叶片宽大,掌状,5~7裂。雌雄异花同株,花单生,个别品种为两性花。瓠果,幼嫩时被有茸毛,成熟时减少,有的还被白色蜡粉。中果皮白色,厚3~6厘米,为可食部分。种子近椭圆形,种皮光滑或有突起边缘,千粒重50~100克。

冬瓜按果实形状可分为扁圆形、短圆筒形和长圆筒形。按果实表皮颜色和蜡粉有无,分为青皮和白皮(粉皮)。按果实大小分为小果型和大果型。小果型冬瓜早熟或较早熟。第一雌花发生节位一般在第10节左右,个别品种在第3~5节发生雌花。开花至成熟约需30天。每株结果3~5个或更多,多采收嫩果,单果重2~5千克,扁圆、近圆或长圆形,被蜡粉。大果型冬瓜多中熟或晚熟。主蔓一般在15节发生第一雌花,以后每隔5~6节发生一个或两个雌花。开花至成熟需40~50天。每株结果1~2个,一般单果重10~20千克甚至50千克。采收成熟果。短圆柱形或长圆柱形,果皮青绿色或被白色蜡粉。

节瓜是冬瓜的一个变种。别称毛瓜。主要分布于中国台湾、广东和广西,以广东栽培最多。形态和生长习性与冬瓜相近。茎蔓较细,叶片较小而薄,主蔓和侧蔓均可结瓜。一般开花后7~10天,果重0.25~0.5千克时采收嫩果食用。

◆ **生长习性**

冬瓜耐热，20 ～ 30℃为生长发育适温，35℃仍生长良好。种子发芽适温为30℃左右。10℃以下易受冷害。15℃以下坐果率低，果实发育缓慢。对光周期的反应不敏感，日照长短对开花无明显影响。

◆ **栽培**

一般在春暖后播种育苗，华南地区也可在秋季栽培。有爬地、搭棚和支架 3 种栽培方式。栽培密度因品种、栽培方式及栽培季节而异。一般每亩栽植 300 ～ 500 株，支架栽培栽植 700 ～ 800 株，节瓜栽植 2000 ～ 3000 株。冬瓜的生长期长，从播种到收获结束共需 120 ～ 150 天。须多施基肥，增施磷肥。结果的前、中期更需要充分施肥。主要病害有疫病、炭疽病、白粉病、日灼病等，表面被白粉的果实抗日灼病能力较强。主要害虫有蚜虫、瓜亮蓟马等。

◆ **用途**

冬瓜果实含水分95% ～ 97%，可溶性糖 3% ～ 5%，每 100 克鲜重含维生素 C 12 ～ 18 毫克。味清淡，是盛夏季节深受欢迎的蔬菜。可加工成冬瓜干、脱水冬瓜、糖冬瓜等。

南 瓜

南瓜是葫芦科南瓜属一年生蔓生性草本植物。原产于美洲，中国引入供食用栽培的有 3 个种：中国南瓜、西葫芦（美洲南瓜）和笋瓜（印度南瓜）；另外，中国西南地区分布有半野生型黑籽南瓜。南瓜在美洲至少 6000 年前就有人工栽培，后遍及全球。中国引入早，有悠久的栽培历史，各地广泛种植。西葫芦食用嫩瓜；中国南瓜和笋瓜除食用嫩瓜外，老瓜采收后可贮存较长时间，是解决"秋淡"的重要蔬菜。

◆ **形态特征**

南瓜根系发达，主根深，侧根多，分布广。茎蔓性，西葫芦则多为直立型。雌雄异花同株。瓠果，形状有扁圆形、球形和长棒形等，大小不一。3个种的主要特征为：①中国南瓜。茎五棱，

扁圆形南瓜果实

具刺毛。叶近心形，浅裂。花冠裂片大，展开时不下垂。果蒂凹入，果实成熟时果肉有香味，含糖量较多。②笋瓜。茎粗大，近圆形。叶近圆形或心形，有的有浅裂。花冠裂片柔软下垂。果蒂凸出或凹入，果实成熟时果肉无香味，含糖量较少。③西葫芦。茎有棱或沟，具坚硬刺毛。叶卵形、深裂。花冠裂片狭长，直立或展开。果实一般较小，成熟果皮坚硬，含糖量也少。

◆ **生长习性**

南瓜属喜温或耐热植物，3种南瓜对温度的要求不同。中国南瓜和笋瓜耐热性强，种子在15℃左右开始发芽，适宜生长温度为18~32℃，开花结果以25~30℃为宜；西葫芦喜温不耐热，适宜生长温度为20~25℃。均属短日照植物，在较低温度和短日照条件下提早播种可早生雌花，提早结果和收获。

◆ **栽培**

多采用直播或营养钵育苗。中国南瓜和笋瓜一般亩栽 800 株；西葫芦矮生种亩栽 2000 株左右，蔓性种亩栽 1000 株。不同南瓜的生长期、食用方式不同，西葫芦多以嫩果供食用，生长期较短；中国南瓜和笋瓜可采收嫩瓜，也可果实成熟后再采收；笋瓜还有专供观赏用的品种。

◆ **用途**

3 种南瓜中，以中国南瓜用途最为广泛。根、茎、叶、花、果实、种子均可利用。根可用作嫁接西瓜、黄瓜的砧木。茎、叶、花在东南亚一些国家、中国云南等地也作蔬菜食用。种子含油量最高达 50% 左右，且不饱和脂肪酸比例较高，除可直接食用外，还可生产高级食用油。果实含丰富的膳食纤维、果胶、β- 胡萝卜素及多种生理活性物质，具有很好的医疗价值和保健功效，尤其是其中的南瓜多糖和南瓜蛋白。南瓜多糖是预防糖尿病的活性成分，临床实践证实其直接参与降血糖、降血脂等有关活动。南瓜蛋白是从南瓜瓜瓤中提取的一种单链核糖体失活蛋白，对黑色素瘤和白血病细胞等多种肿瘤细胞具有明显的抑制作用。南瓜产品特别适合中老年人和高血压、糖尿病患者食用，是一种特效保健食品。

丝 瓜

丝瓜是葫芦科丝瓜属一年生攀缘藤本植物。又称胜瓜、菜瓜、天罗瓜、吊瓜、水瓜。

丝瓜起源于亚洲热带地区，主要分布于亚洲、非洲、大洋洲和美洲的热带、亚热带地区，中国云南南部有野生丝瓜分布。丝瓜在中国有上

丝瓜

千年的栽培历史，是主要的瓜类蔬菜之一。中国主要种植普通丝瓜和有棱丝瓜两个栽培种。普通丝瓜在中国长江流域及其以北各省区栽培较多；有棱丝瓜是华南地区重要的特色蔬菜，主要在广东、广西、海南、福建和台湾等地种植，云南南部有少量种植，较普通丝瓜耐热耐湿，适于高温多雨季节生长。

◆ 形态特征

丝瓜根系发达，且再生力强，主根深达 1 米以上，侧根多，水平范围分布达 3 米。茎蔓生，五棱形，浓绿色，具茸毛，中间空腔小或不明显，茎粗 0.5 ～ 0.8 厘米。主蔓一般 3 ～ 5 米，分枝力极强，一般能产生 2 ～ 3 级侧蔓，形成多分枝的茂盛茎蔓，蔓上各节能同时发生卷须和腋芽。叶为掌状裂叶或心形叶，互生，深绿色，叶脉网状，背部叶脉突起，一般叶长 17 ～ 20 厘米，宽 17 ～ 23 厘米；叶柄圆形，长 10 ～ 15 厘米。花为黄色，单性花，着生于叶腋，雌雄异花同株。普通丝瓜果实短圆柱形或长棒形，长可达 20 ～ 100 厘米或以上，横径 3 ～ 10 厘米，无棱，表面粗糙并有数条墨绿色纵沟；有棱丝瓜果实棒形，长 25 ～ 60 厘米，横径 5 ～ 7 厘米，表皮绿色有皱纹，具 8 ～ 10 条纵向锐棱和沟，绿色或墨绿色。种子椭圆形。普通丝瓜种皮较薄而平滑，有翅状边缘，黑、白或灰白色；有棱丝瓜种皮厚而有皱纹, 黑色。

◆ 生长习性

丝瓜喜高温多湿的生长环境, 营养生长适温为 18 ～ 24℃, 开花结果适温为 25 ～ 30℃, 30℃以上也能正常生长发育。为短日照植物, 但多数品种对日照长度要求不严格。对土壤的适应性广, 抗旱能力强, 但若生长期间过于干旱, 则果实易老, 纤维增加, 品质下降。丝瓜是最耐潮湿的瓜类蔬菜, 即使受到雨涝或一定时间的水淹, 也能正常开花结果。

◆ 栽培

一般早春播种, 夏秋季采收。营养钵育苗, 3 ～ 4 片真叶时定植, 起畦种植, 畦宽 1.2 ～ 1.5 米, 沟宽 30 厘米, 畦高 30 厘米, 每畦种 2 行, 株距 35 厘米, 每亩 1700 ～ 2200 株。丝瓜为攀缘植物, 须整枝、搭架、引蔓, 必要时进行人工辅助授粉。开花 10 余天后即可采收嫩果食用。

◆ 用途

丝瓜可炒食、凉拌或做汤, 瓜肉细腻柔软, 味道鲜美, 是中国主要夏季蔬菜之一。果实成熟后, 里面的网状纤维 (丝瓜络) 可代替海绵用于洗刷灶具及家具。丝瓜营养丰富, 果实含皂苷、丝瓜苦味质、瓜氨酸、脂肪、优质蛋白质及维生素 C、维生素 B 等。藤、叶、根、花、蒂、种子、瓜络等均具有一定的药用价值, 有清凉、利尿、活血、通经、解毒、抗过敏、美容之效; 此外, 还具有显著的降血脂及抗氧化效应。

菠　菜

菠菜是藜科菠菜属一年生或二年生草本植物。又称菠薐、赤根菜、波斯草、波斯菜、菠棱、鹦鹉菜、红根菜、飞龙菜。以叶片及嫩茎供食用。原产于伊朗，2000 年前已有栽培。后传到北非，由摩尔人传到西欧的西班牙等国。菠菜种子在唐太宗时期作为贡品从尼泊尔传入中国。

◆ **形态和类型**

菠菜主根发达，肉质根红色，味甜可食。根群主要分布在 25 ～ 30 厘米的土壤表层。茎直立，中空，脆弱多汁，不分枝或有少数分枝。叶戟形至卵形，鲜绿色，柔嫩多汁，稍有光泽，全缘或有少数牙齿状裂片；叶簇生，抽薹前叶柄着生于短缩茎盘上，呈莲座状，深绿色。一般 4 ～ 5 月抽薹开花，单性花，雌雄异株，也有雌雄同株；

菠菜

雄花呈穗状或圆锥花序，雌花簇生于叶腋。胞果，每果含 1 粒种子，果壳坚硬、革质。

按果实外苞片的构造可分为有刺种和无刺种两个类型。前者叶片呈戟形，果实（习称种子）外壳有刺，耐寒性较强，对长日照敏感，故抽薹较早；后者叶片肥厚近似卵圆形，果实外壳无刺，耐寒性一般较弱，对长日照不敏感，故抽薹稍迟。由有刺种与无刺种配制的一代杂种（F_1）具有抗寒、丰产、耐储藏等特性，为越冬栽培的主要品种。

◆ **栽培**

菠菜属耐寒性长日照植物。对土壤要求不严格，pH 在 7 ～ 8 为宜。

对氮肥需求较多，磷肥、钾肥次之。春秋两季均可播种，以秋播为主。生长期约 60 天。菠菜抗寒性很强。生长适宜温度为 15 ～ 20℃。在越冬期间，可忍耐 -10℃ 的低温。菠菜耐热性差，如温度超过 21℃，再遇干旱，则生长不良，叶片窄小，品质降低。菠菜对光照条件要求不严格，适宜冬季或早春大棚栽培。留种菠菜通常在秋季播种，次年 6 月采种。主要病害有霜霉病、病毒病、炭疽病，主要害虫有蚜虫、潜叶蝇等。

◆ **用途**

菠菜茎叶柔软滑嫩、味美色鲜，含有丰富的维生素 C、胡萝卜素、蛋白质，以及铁、钙、磷等矿物质。除以鲜菜食用外，还可脱水制干和速冻。

花椰菜

花椰菜是十字花科芸薹属甘蓝种一二年生草本植物。又称花菜、菜花。以花球供食用。花椰菜由野生甘蓝演化而来，演化中心在地中海东部沿岸。20 世纪初引进中国。

◆ **形态特征**

花椰菜高 60 ～ 90 厘米，被粉霜。茎直立，粗壮，有分枝。基生叶及下部叶长圆形至椭圆形，长 2 ～ 4 厘米，灰绿色，顶端圆形，开展，不卷心，全缘或具细牙齿，有时叶片下延，具数个小裂片，并成翅状；叶柄长 2 ～ 3 厘米；茎中上部叶较小且无柄，长圆

花椰菜

形至披针形，抱茎。茎顶端有 1 个由总花梗、花梗和未发育的花芽密集成的乳白色肉质头状体；总状花序顶生及腋生；花淡黄色，后变白色。长角果圆柱形，长 3 ~ 4 厘米，有 1 中脉，喙下部粗上部细，长 10 ~ 12 毫米。种子宽椭圆形，长近 2 毫米，棕色。花期 4 月，果期 5 月。

◆ 栽培

按照品种特性掌握播种期。一般早熟种 6 月下旬至 7 月初播种，中熟种 7 月上旬至 7 月下旬播种，晚熟种 7 月下旬至 8 月下旬播种，春花菜于 11 月播种。选近水源、排水良好、前作未种过十字花科蔬菜、疏松肥沃、病虫少的地块作苗床。浸种 40 分钟左右，置阴凉处催芽露白后播种。用遮阳网等材料搭设凉棚，遮阴避雨，1 片真叶后逐步增加光照。幼苗 3 ~ 4 片真叶时假植，行株距 10 厘米 ×10 厘米。做深沟高畦窄畦，一般畦宽 1 米左右，畦高 30 厘米。幼苗 6 ~ 7 片真叶时定植。定植密度为早熟种亩栽 3000 株，中熟种亩栽 2500 株，晚熟种亩栽 2000 株。

花椰菜既不耐涝，又不耐旱，要求土壤湿度 70% ~ 80%，空气相对湿度 80% ~ 90% 最宜。苗期和花球形成期都要求充足的氮肥，氮肥不足则植株生长衰弱，容易发生早花、小花。此外，还要有一定量的磷钾肥和必要的钙硼等微量元素。施足基肥是花椰菜高产的重要环节，一般亩施腐熟有机肥 2000 千克、过磷酸钙 30 千克。早熟品种生长期短，对土壤营养的吸收比中晚熟品种少，但生长迅速，对营养要求迫切，所以早熟品种的基肥应以速效氮肥为主。在土壤硼含量缺乏的地区，基肥中亩施硼肥 1 千克。花椰菜追肥应以速效氮肥为主，配合磷钾肥，促进花球膨大。一般整个生长过程须追肥 4 次。保护地花菜的养分吸收强度与露地相比，在初花期至采收期明显较高，应特别注意生长后期追肥，以免脱肥而降低产量。

花椰菜主要害虫有小菜蛾、菜青虫、蚜虫、地老虎，可选用杀虫素、乐果、敌杀死、抑太保、乐斯本等药剂防治。主要病害有黑腐病、黑斑病、霜霉病，黑腐病可选用农用链霉素 200 毫克 / 升或抗菌

花椰菜花球

剂 500 ～ 1000 倍液进行防治，黑斑病、霜霉病可用 80% 代森锌 800 倍液或 70% 甲基托布津 1000 倍液或 75% 百菌清 600 ～ 800 倍液或 25% 甲霜灵 1000 倍液等药剂防治。

◆ 用途

花椰菜营养丰富，含有蛋白质、脂肪、磷、铁、胡萝卜素、维生素 B_1、维生素 B_2、维生素 C、维生素 A 等，尤以维生素 C 含量丰富（每 100 克含 88 毫克），仅次于辣椒，是蔬菜中含量较高的一种。其质地细嫩，味甘鲜美，容易消化。

青花菜

青花菜是十字花科芸薹属甘蓝种的一个变种。又称绿菜花、西蓝花、木立花椰菜。以绿色或紫色花球供食用。青花菜由原产于地中海东部沿岸的甘蓝演化而成。美国、欧洲各国、日本广泛栽培。19 世纪末传入中国，

20 世纪 80 年代后南北各地均有栽培。

◆ **形态和类型**

青花菜根系发达，茎较短缩。叶
阔卵形至椭圆形，叶面被蜡粉，叶色
主要有绿、蓝绿、灰绿、深灰绿等。
由肉质短缩花茎、枝和花蕾组成花球，
有浅绿、绿、深绿、灰绿、浅红、紫红、
深紫、灰紫、紫色、浅黄、黄绿、黄等色。
复总状花序，花黄色。种子近圆球形，
褐色，千粒重 3.5 ～ 6.0 克。按花球色
泽可分为绿花球和紫花球两种。常用
品种有日本的里绿等。

青花菜

◆ **栽培**

青花菜喜温和、湿润气候。以深厚、肥沃、排水良好的壤土和沙质
壤土为宜，能耐短时间霜冻，抗病性较强。以种子繁殖，多行秋季或秋
冬季栽培。华北地区于 6 月下旬，长江流域 6 月至 9 月上旬，华南 7 月
中旬至 12 月播种育苗，苗龄约 25 天。北方春季栽培，华北地区于 2 月
上旬在保护地播种育苗，苗龄 50 天左右。也可进行冬春季保护地栽培，
定植行距 40 ～ 50 厘米、株距 33 ～ 40 厘米。花球在小花蕾未松散时采收。

◆ **用途**

青花菜营养丰富，所含维生素 C（113 毫克 /100 克鲜样）、维生素 A、
维生素 B_1、维生素 B_2 以及钙（103 毫克 /100 克鲜样）、磷、铁等矿物

质均高于甘蓝类其他蔬菜，并具有保健效果。可炒食、速冻、加工制罐。

韭　菜

韭菜是百合科葱属多年生宿根草本植物。又称韭、起阳草。以叶片、叶鞘供食用。原产于中国，南北山区多有野生，是一种栽培历史悠久的古老蔬菜。在中国南北各地普遍栽培。

◆ **形态特征**

韭菜根系为纤维状须根，播种当年着生在根茎茎盘基部，第二年起着生在根茎茎盘周围及其一侧。根茎呈葫芦状，长在土中，是贮藏养料的器官，其顶端的生长点在播种当年即可发生分蘖。以后随着分蘖的增加，根茎每年向地表不断伸长，新须根的着生部位也不断升高，而原有旧根则不断枯死，出现"跳根"现象，使根系得以年年更新。收割后可继续生长。叶扁平，带状，叶鞘为闭合状，形成假茎。七八月间抽薹，顶端着生伞形花序。花白色。种子黑色。

韭菜花序

◆ **生长习性**

韭菜适应环境的能力很强，能耐霜冻和低温。当气温降至 -6 ～ -5℃时，叶仍不凋萎，根和根茎甚至能耐 -40℃低温。生长最适温度为 12 ～ 24℃，温度过高反而会使纤维增加，食用品质变劣。但在温室栽培时，由于光照较弱，湿度较大，即使温度升至30℃也不影响品质。韭菜的叶绿素形成对光照极为敏感：叶鞘在埋土条件下软化变白，称为"韭白"；在弱光覆盖条件下完全变黄，称为"韭黄"。

◆ 栽培

可用种子或分株繁殖，以播种育苗移栽为主。耐肥，施足基肥有利增产。第二、三年后每年可进行多次收割，中国南方除夏季外几乎周年都可采收。除露地栽培外，还有囤韭、盖韭及在弱光条件下培养韭黄、韭白等软化产品的栽培方式。

◆ 用途

韭菜一般以叶片、叶鞘供食，但也有专以花茎或肉质化的根供食用的品种。营养成分以胡萝卜素和钙、磷、铁等矿物质为主，纤维素含量也较丰富，是有利于肠胃消化功能的保健蔬菜。中国医药学认为韭菜可"安五脏、除胃中热"。种子供药用，性温、味辛甘，功能为温肾阳、强腰膝，主治腰膝酸痛、小便频数、遗尿、带下等症。

竹　笋

竹笋是竹的幼芽。又称笋。竹是禾本科多年生常绿植物，约有6属21个种的种群能形成食用笋。竹原产于中国，喜温怕冷，南方竹林茂盛，北方竹林稀少。食用笋竹主要分布在长江中下游及珠江流域。

◆ 形态特征

食用部分竹笋是竹子短缩肥大的芽，竹笋外表包坚韧的笋箨（笋壳），内部有柔嫩的笋肉。在出土前笋体生长慢，出土后迅速长高，并展开枝叶成为新竹。竹笋的纵切面可见中部有紧密重叠的横隔，相当于竹茎秆的节隔，两隔之间就是竹茎秆的节间。包裹在横隔周围的是肥厚的笋肉，相当于竹茎秆的秆壁。包裹在笋肉外围的竹箨是一种变态叶。

竹笋

◆ 生长习性

毛竹生长的最适温度为年均 16 ～ 17℃，夏季平均在 30℃以下，冬季平均在 4℃左右。麻竹和绿竹要求年平均温度在 18 ～ 20℃，1 月平均温度在 10℃以上。慈竹要求年平均温度 16 ～ 18℃，1 月平均温度 2 ～ 4℃。竹的枝叶茂盛，水分蒸腾量大，而根系不深，抗旱力弱，要求较湿润的环境。竹需要土层深厚、土质疏松、肥沃、湿润、排水和通气良好的土壤。土壤 pH 以 4.5 ～ 7 为宜。

◆ 用途

竹笋中除含有纤维和糖等碳水化合物外，还含有维生素、矿物质和较多蛋白质，特别是富含天冬氨酸，对人体有滋补作用。

洋　葱

洋葱是百合科葱属二至三年生草本植物。又称葱头、圆葱。以鳞茎作蔬菜食用。起源于亚洲西部阿富汗、伊朗至中亚一带，后传至世界各地。

洋葱

公元前 3200 ～ 前 2780 年的埃及古墓中发现关于金字塔建筑工人购买洋葱和大蒜作蔬菜的碑文。现以美国、日本、印度、俄罗斯、中国栽培最多，西班牙、土耳其、埃及和巴西等国也有种植。

◆ 形态和类型

洋葱株高 80 ～ 100 厘米。根弦状，无主根。茎极度短缩，呈扁平盘状，即鳞茎盘。叶筒状，中空，横切面近长方形，叶面披蜡粉，多层叶鞘相互抱合而成假茎。叶鞘基部随生长而逐渐增厚，形成肉质鳞茎，内生幼芽。花序柄从鳞茎中央抽出，顶端着生球状花序，外包总苞。开花时总苞裂开长出许多小花，聚成伞房花序。

可分为 3 个类型：①普通洋葱。每株通常只形成一个鳞茎，用种子繁殖，品种较多。按鳞茎颜色可分为白皮种、红皮种和黄皮种；按其对光照及温度的要求不同，还可分为早熟种、中熟种和晚熟种。②分蘖洋葱。分蘖基部形成一个小鳞茎，通常不结种子，用小鳞茎繁殖。③顶球洋葱。在花序上着生许多气生小鳞茎，不结种子。主要作腌渍用。

◆ 生长习性

洋葱性耐寒。种子和鳞茎可在 3 ～ 5℃低温下缓慢发芽，12℃以上发芽迅速，幼苗生长适温为 12 ～ 20℃，鳞茎膨大适温为 20 ～ 26℃。开花和鳞茎膨大均需较长的光照，但品种之间有很大差别，故又可按鳞茎形成所需日照长短分为短日照型、长日照型和中间型。

◆ 栽培

洋葱一般秋季育苗。中国北方冬前假植于背阴处或埋入菜窖，翌年早春定植。江淮以南地区冬前露地定植。栽植不宜过深，以埋土至茎盘上为度。当植株下部叶子变黄、颈部变软、上部向下弯曲时即可收获，晾晒收藏。

◆ 用途

洋葱含有植物杀菌素，以及无机盐、挥发油、糖、蛋白质和维生素等。除以新鲜鳞茎作蔬菜外，也可脱水加工。

苦苣菜

苦苣菜是菊科苦苣菜属一年生或二年生草本植物。又称苦菜、苦荬菜。以嫩茎叶供食用。苦苣菜分布于全球温带及亚热带地区，生长于海拔 170 ～ 3200 米的地区。

◆ 形态特征

根圆锥状，垂直伸长，有多数纤维状须根。茎直立，单生。基生叶羽状深裂，全形长椭圆形或倒披针形。头状花序在茎枝顶端排成紧密的伞房花序或总状花序。总苞片顶端急尖，外面无毛或外层、中内层上部沿中脉有少数头状具柄的腺毛。舌状小花多

苦苣菜

数，黄色。瘦果褐色，长椭圆形或长椭圆状倒披针形，每面各有 3 条细脉，肋间有横皱纹，顶端狭，无喙，冠毛白色，长 7 毫米，单毛状，彼此纠缠。花果期 5 ～ 12 月。

◆ 栽培

苦苣菜有种子繁殖和根茎繁殖两种方式。种子繁殖春、夏、秋均可进行，一般以春播为主，夏秋播为辅。春播可利用温床育苗提早上市，夏季露地直播须防止徒长，深秋播种应在保护设施中进行。根茎繁殖应挖取野生苦苣菜的母根，摘除老叶，按株距 15 厘米、行距 25 厘米，开沟 8 ～ 10 厘米深定植。栽后立即浇定根水，水渗后覆土，以不露母根为度。种前深耕，施足基肥，多施腐熟有机肥，以保证苦苣菜品质。深翻细耕后浇透底水，水渗后将种子播于沟内，用细土将沟覆平即可。

苦苣菜栽培季节主要为春、秋两季。春播应尽可能提早，可延长其营养生长期和采收期。利用温床育苗，当有 7 ～ 9 片叶时定植，株距 20 厘米、行距 30 厘米。露地播种可采用直播，但须间苗以利植株生长。秋播可分早秋播和晚秋播。早秋播种，于当年冬季收获；晚秋播种，于翌年 3 ～ 4 月收获。在冬季寒冷地区越冬栽培时，应定植在阳畦、大棚等保护设施中。

苦苣菜生长期间要注意浇水、追肥和中耕除草。生长前期须浇水 2 ～ 3 次，通常春多秋少；并根据土壤板结状况，结合浇水进行中耕松土。到生长盛期，结合浇水施速效性氮肥，以促进叶片生长，使其增大增厚，提高产量和质量。为减轻苦味并使品质柔嫩，可实行软化栽培。凡能使叶片不见光线并保持适度干燥的措施，均可达到软化的目的，例如将植株移植到地窖或覆盖草帘等。

苦苣菜可多次采收嫩茎叶，一般植株有6片真叶或株高10厘米时，可用剪刀剪或手掐采收。春季半个月采收1次，夏季10天采收一次，秋季1个月采收一次。采后马上浇水，并追速效性氮肥。每茬生长时间不宜过长，以免影响产品质量。采收后要及时整理，去除杂草和老叶后食用或上市销售。

苦苣菜留种多在秋季播种，防寒过冬，到春季带土移植于采种田，或就地间苗后留种。通常株行距均为30厘米。在6月前后抽薹开花，可达到结实饱满的目的。苦苣菜病虫害较少，主要是防治霜霉病、叶斑病和蚜虫、红蜘蛛。

◆ 用途

苦苣菜营养价值很高，据测定，每100克鲜苦苣菜中含蛋白质1.8克、糖类4.0克、食物纤维5.8克、钙120毫克、磷52毫克，以及锌、铜、铁、锰等微量元素和维生素 B_1、维生素 B_2、维生素C、胡萝卜素、烟酸等。此外，还含有甘露醇、蒲公英甾醇、蜡醇、胆碱、酒石酸、苦味素等化学物质。其嫩茎叶可生食，也可用沸水烫一下，再换清水浸泡除去苦味，然后凉拌或炒食。全草可入药，有清热解毒、凉血止血、祛湿降压的功效。

芜 菁

芜菁是十字花科芸薹属芸薹种芜菁亚种两年生草本植物。又称蔓菁、圆根、盘菜。以肉质根为食用器官。芜菁起源于地中海沿岸和阿富汗、巴基斯坦等国以及外高加索等地，由油用亚种演化而来。中国芜菁来自西伯利亚，在华北、西北、云南、贵州、江苏、浙江等地栽培历史较长。

◆ 形态特征

芜菁为直根系，下胚轴与主根上部膨大形成肉质根；肉质根扁圆形、圆形、长圆形或圆锥形；外皮白色、淡金黄色、黄色或红色，根肉质白色或黄色。营养茎短缩，花茎直立，下部稍有毛，上部无毛。基生叶有裂叶和板叶两种，叶柄有叶翼，叶面多刺毛；中部及上部茎生叶长圆披针形，无毛，带粉霜；下部茎生叶像基生叶，基部抱茎或有叶柄。总状花序，完全花；花萼、花瓣均为 4 枚，花瓣鲜黄色，十字形排列；4 强雄蕊（共 6 枚雄蕊，其中 2 枚退化），雌蕊 1 枚。长角果，种子近圆形，浅黄棕色或褐色，近种脐处为黑色，千粒重 2.9 ～ 4.6 克。

◆ 栽培

芜菁喜冷凉气候，耐低温能力较强，在 2 ～ 3℃下种子可发芽，幼苗可耐 2 ～ 3℃低温，成株可耐轻霜，肉质根最适生长温度为 15 ～ 18℃。喜湿润的沙壤土，较耐酸，土壤 pH 在 5.5 条件下生长良好。第一年主要为营养生长，形成产品器官。低温春化后，于长日照和较高温度下抽薹开花。中国多在秋季露地栽培，高海拔地区可春季栽培；江淮流域常于 8 ～ 9 月播种，向北可适当提早，向南可适当推迟；但因其适应性强，耐贮藏，在新疆地区可春、夏、秋三季种植。植株茎叶枯黄，根头部由绿转黄色，叶腋间发生小叶卷缩变黄时及时采收。主要病害为病毒病，主要害虫有菜青虫、蚜虫和菜螟等。

◆ 用途

芜菁肉质根富含维生素 A、维生素 C、维生素 K 和叶酸，可煮食、炒食、腌渍。

黄秋葵

黄秋葵是锦葵科秋葵属一年生草本植物。又称咖啡黄葵。以嫩荚供食用。黄秋葵原产地为印度，广泛栽培于热带和亚热带地区。中国湖南、湖北、广东等省栽培面积也极广。有蔬菜王之称，有极高的经济用途和食用等价值。

◆ 形态特征

黄秋葵茎呈圆柱形，疏生散刺。叶掌状，裂片阔至狭，托叶线形，被疏硬毛。花单生于叶腋间，花梗疏被糙硬毛，小苞片钟形。花萼钟形，密被星状短茸毛。花黄色，内面基部紫色。蒴果筒状尖塔形，种子球形，具毛脉纹。花期 5 ～ 9 月。

◆ 生长习性

黄秋葵喜温暖、怕严寒，耐热力强。当气温 13℃，地温 15℃左右，种子即可发芽。种子发芽和生育期适温均为 25 ～ 30℃。月均温低于 17℃，即影响开花结果；夜温低于 14℃，生长缓慢，植株矮小，叶片狭窄，开花少，落花多。26 ～ 28℃适温开花多，坐果率高，果实发育快。耐旱、耐湿，但不耐涝。发芽期土壤湿度过大，易

黄秋葵的蒴果

诱发幼苗立枯病。如结果期干旱，则植株长势差，蒴果品质劣，应始终保持土壤湿润。黄秋葵对光照条件尤为敏感，要求光照时间长，光照充足。应选择向阳地块，加强通风透气，注意合理密植，以免互相遮阴，影响通风透光。

◆ 用途

黄秋葵营养丰富，幼果中含有大量黏滑汁液，具有特殊的香味，口感爽滑。其汁液中混有果胶、牛乳聚糖及阿拉聚糖等。果胶为可溶性纤维，经常食用有健胃肠、滋补阴阳之功效。据测定，每 100 克嫩果中含蛋白质 2.5 克、脂肪 0.1 克、糖类 2.7 克、维生素 B_1 0.2 毫克、维生素 B_2 0.06 毫克、钙 81 毫克、磷 63 毫克、铁 0.8 毫克，是一种理想的高档绿色营养保健蔬菜。一般可炒食、做汤、腌渍、罐藏等。除嫩果可食外，其叶片、芽、花也可食用。

西葫芦

西葫芦是葫芦科南瓜属一年生草质藤本植物。又称美洲南瓜、小瓜、菜瓜。以嫩果供食。原产于北美洲南部，世界各地均有分布。中国于 19 世纪中叶开始从欧洲引入，南北各地普遍栽培。

◆ 形态和类型

从生长习性上，西葫芦可分为矮生、半蔓生、蔓生 3 种类型。多数品种主蔓优势明显，侧蔓少而弱。蔓长 0.5 ～ 2.5 米，茎有棱沟，有短刚毛和半透明的糙毛。卷须分多叉，具柔毛。叶质硬，直立，轮廓三角形或卵状三角形，叶面粗糙，有些品种有白斑。花单生，雌雄异花同株。

瓠果，形状有圆筒形、椭圆形和长圆柱形等多种。果面平滑，嫩果白色、黄色、浅绿色至墨绿色或伴有绿色花纹。果梗粗壮，有明显的棱沟。种子扁平，灰白色或黄褐色，千粒重 140 克左右。

西葫芦植株

◆ 生长习性

西葫芦为喜温作物，为瓜类蔬菜中较耐寒而不耐高温的种类。种子 13℃开始发芽，适宜发芽温度为 25 ～ 30℃；生长期最适温度为 20 ～ 25℃，15℃以下生长缓慢，8℃以下停止生长；30℃以上生长缓慢并极易发生疾病。短日照植物，长日照条件下有利于茎叶生长，短日照条件下结瓜期较早。耐弱光，但光照不足时易引起徒长。对土壤要求不严格，沙土、壤土、黏土均可栽培，土层深厚的壤土易获高产。喜湿润，不耐干旱，特别在结瓜期土壤应保持湿润才能获得高产。高温干旱条件下易发生病毒病，高温高湿易发生白粉病。

◆ 栽培

保护地可越冬栽培，一般早春保温设施育苗，苗龄 30 ～ 50 天，终霜后定植，也可直播。主要采收嫩瓜，开花后 10 天左右即可采收。

◆ 用途

西葫芦含有较多维生素 C、葡萄糖等营养物质，皮薄、肉厚、汁多，可荤可素，可菜可馅。具有清热利尿、除烦止渴、润肺止咳、消肿散结的功效。

香椿芽

香椿芽是楝科香椿属多年生木本植物香椿的叶芽。又称香椿、椿芽。以嫩芽、嫩叶供食用。

香椿芽具有香味浓郁、脆嫩甘美、营养丰富的特点，被视为蔬菜珍品，是一种木本蔬菜。香椿原产于中国，分布于长江南北的广泛地区。

◆ 形态特征

香椿是楝科落叶乔木，雌雄异株。偶数羽状复叶。圆锥花序，白色两性花。椭圆形蒴果。翅状种子，种子可以繁殖。树体高大，除椿芽供食用外，也是园林绿化优选树种。

◆ 栽培

香椿性喜光，适应性强，在年均气温 18 ～ 20℃ 的地区均能生长，一年生幼树在 -10℃ 下易受冻。随树龄增大，抗寒、耐旱性逐渐增强。香椿在最适生长温度 20℃ 条件下生长较快；当最高温度达到 35℃ 时，植株停止生长。对土壤要求不严，pH 为 5.5 ～ 5.8 的土壤均可生长，但以土层深厚、肥沃，保水、排水良好的沙质壤土最为适宜。

栽培类型

香椿主要有两个栽培类型：①绿香椿。幼芽呈绿色，香味较淡，油脂较少，但较耐低温。②紫香椿。幼芽呈绛红色，富有光泽，香味浓，油脂含量高。早春的香椿芽香气浓郁，尤以山村农家小院中的头茬香椿芽为最佳。后有大棚高产新法种植香椿，经济效益可观。

繁殖方法

香椿的繁殖方法包括种子育苗法、基秆扦插法、侧根繁殖法以及根蘖繁殖法。①种子育苗法。香椿种子籽粒坚硬且带有翅膜，直接播种吸水慢，发芽困难。故播种前须进行种子催芽处理，方可获得齐苗、全苗。②基秆扦插法。秋季落叶后至翌年 4 ～ 5 月，选 1 ～ 2 年生成熟枝条剪成 20 厘米长的插条，按行株距 25 厘米 ×15 厘米插入整好的苗床，地上露条 1/2 即可。③侧根繁殖法。在移栽定植时，将植株的侧根剪下，截成 15 ～ 20 厘米的小段，按 25 厘米宽开沟，深 7 厘米左右，将根段横栽于沟中，间距 10 厘米，然后覆土压实，浇足底水。④根蘖繁殖法。香椿根部具有许多不定芽，早春萌芽前在树冠外缘挖 50 ～ 60 厘米的沟，切断树根末梢，然后用土回填，根端即可形成大量蘖苗，萌发新株，翌年即可移栽。

幼苗管理

香椿播种出苗后，于傍晚揭膜，浇水 1 次，注意保持畦面湿润。及时间苗、匀苗，除去过密苗、病苗、弱苗，保持株距 3 ～ 5 厘米。结合拔除杂草进行浅松土，并每亩追施磷酸二铵 10 千克，浇水 1 次。当幼苗长到 4 ～ 6 片真叶、高 8 ～ 10 厘米时，及时间苗移栽，以改善幼苗间的光照及土壤营养条件，掌握留苗距 10 ～ 15 厘米，间出的壮苗按行株距 25 厘米 ×15 厘米进行移栽，浇足定根水。移栽活棵后，结合中耕除草及时追施肥水，以促进幼苗生长。以后视苗情采取喷施多效唑或人工摘心打头等措施控制株高，调整株形，使其形成肥满顶芽。

◆ **采收**

香椿芽以谷雨前采收为佳，应吃早、吃鲜。谷雨后的香椿芽膳食纤维老化，口感涩硬，营养价值也大大降低。通常，露地的香椿每年可采收 2 ~ 3 次，保护地栽培的香椿每年可采收 3 ~ 5 次。香椿主芽长 20 厘米时即可采芽，用剪刀剪芽，并在基部保留 1 ~ 2 枚叶片，以利侧芽萌发，中间间隔 10 ~ 15 天。采收宜在早晨进行，此时芽鲜嫩，气温也低，采后不易失水萎蔫。贮藏用的香椿芽最好为主芽香椿，因为主芽体粗壮、长势强、抗性强，较耐贮藏。

◆ **用途**

香椿芽每年农历三月前后上市，可鲜食、炒食、凉拌、油炒或腌制。不仅能烹调出各种特色菜肴，还具有防病治病的作用，是一种药食同源的天然绿色保健食品。作为一种木本蔬菜，香椿芽的叶脆嫩多汁，风味独特，营养丰富，富含蛋白质、氨基酸、各种挥发油、多种维生素和微量元素，一般每千克鲜嫩芽含蛋白质 98 克、脂肪 8 克、糖类 72 克、胡萝卜素 90 毫克、维生素 B_1 21 毫克、维生素 B_2 1.3 毫克、维生素 C 1.15 克、钙 1.1 克、磷 1.2 克、铁 34 毫克。香椿芽所含蛋白质和磷高居各种蔬菜的首位，营养价值极高。中医认为，香椿味苦、性平、

香椿芽

无毒，有开胃爽神、祛风除湿、止血利气、消火解毒等功效，故民间有常食香椿芽不染病的说法。现代医学及临床经验也表明，香椿芽有保肝、利肺、健脾、补血、舒筋等作用，如香椿煎剂对肺炎球菌、伤寒杆菌、痢疾杆菌等有抑制作用，用鲜椿芽、蒜瓣、盐捣烂外敷能治疮痛肿毒，用香椿煮水服用还可治疗高烧头晕等疾病。

蕹 菜

蕹菜是旋花科甘薯属一年生或多年生草本植物。又称空心菜、竹叶菜、通菜、藤菜。以绿叶和嫩茎供食用。原产于中国和东南亚热带地区。中国华南、华中、华东和西南各地普遍栽培，是夏秋季的重要蔬菜。

◆ 形态和类型

蕹菜根系浅，主根上着生两排侧根，再生力强。茎蔓性，中空，绿色、浅绿色或带紫红色；茎节易生不定根，可用于扦插繁殖。真叶为单叶，互生，有宽卵形、长卵形、短披针形和长披针

蕹菜

形等。按结实能力分为结实和不结实两类。前者称为子蕹，既可种子繁殖又可扦插繁殖；后者称为藤蕹，用扦插或分株繁殖，茎蔓和叶片较小，多为深绿色。按生长习性分为旱蕹和水蕹。旱蕹适于旱地栽培；

水蕹以浅水栽培和深水栽培为主，也可旱地栽培。

◆ 栽培

蕹菜耐热，喜湿润，20℃以下生长缓慢，30℃左右生长迅速，能忍受 40℃左右的高温。属短日照作物，长日照下生长良好，短日照促进开花结实。春季繁殖，夏季收获。抗性强，产量高。进行多次收割的，蔓长在 30 厘米左右时第 1 次采收，留基部 2 ～ 3 节采摘；环境适宜条件下每隔 15 ～ 20 天可采收一次，每次采收后应及时追肥。

◆ 用途

蕹菜含有丰富的维生素 C、胡萝卜素及钙、磷等营养物质。除作蔬菜食用外，蕹菜还有药用价值，有消暑祛热、凉血、利尿解毒等功效。

芥 蓝

芥蓝是十字花科芸薹属一二年生草本植物。又称白花芥蓝。以肥嫩的花薹和嫩茎叶供食用。

L.H. 贝利给芥蓝命名时，只发现了开白花的芥蓝，所以将其命名为白花芥蓝，但实际上有很多品种开黄花。芥蓝原产于中国，主要分布在广东、广西、福建、台湾等南方各地，北方大城市郊区也有栽培。现已传入日本及东南亚、欧美、大洋洲等地。

◆ 形态和类型

芥蓝根系浅。茎较短缩、粗壮。叶卵形至广卵圆形，叶面平滑或皱缩，灰绿色，被蜡粉，互生。花薹肉质，总状花序，花白色或黄色。异花授粉。角果。种子近圆形，黑至黑褐色，千粒重 3.5 ～ 4 克。

芥蓝按熟性不同可分为早、中、晚熟 3 种类型，按薹的颜色可分为红薹芥蓝和绿薹芥蓝，按食用器官可分为薹用芥蓝、薹叶兼用芥蓝和叶用芥蓝，按花的颜色可分为白

芥蓝

花芥蓝和黄花芥蓝，按叶片形状可分为圆叶芥蓝和尖叶芥蓝，按薹的粗细可分为粗薹芥蓝和细薹芥蓝，按侧薹数量可分为主薹芥蓝和侧薹芥蓝。常用的常规品种为中花芥蓝，常用的杂种一代品种有顺宝芥蓝、绿宝芥蓝、秋盛芥蓝、华芥一号等。

◆ 栽培

芥蓝喜温和气候，耐热，要求充足光照。不耐旱，较耐肥，适于在湿润、肥沃、富含有机质的壤土种植。采用种子繁殖。多选择气温在 15 ～ 25℃的季节栽培，夏季和冬季可进行遮阳网覆盖和保护地栽培。早熟种宜在 4 ～ 8 月，中熟种宜在 7 ～ 8 月（中国南方可延至 10 月），晚熟种宜在 10 月至翌年 2 月（中国南方）播种，也可育苗移栽。常有小菜蛾、菜青虫、斜纹夜蛾和黑腐病为害。

◆ 用途

芥蓝富含钾、钙和维生素 C、硫苷等营养物质。可炒食、凉拌生食（先用沸水汆烫）。

慈 姑

慈姑是泽泻科慈姑属多年生水生草本植物。又称茨姑、藕姑、白地栗、剪刀草、燕尾草。以地下球茎作蔬菜食用。原产于中国。据《本草纲目》载："慈姑，一根岁生十二子，如慈姑之乳诸子，故以名之。"栽培的慈姑是慈姑的一个变种。

◆ 形态特征

慈姑为挺水植物，植株高约1米。叶戟形，长25～40厘米，宽10～20厘米，为根出叶，具长柄。短缩茎，秋季从各叶腋间向地下四面斜下方抽生根状茎，长40～60厘米，粗1厘米，

慈姑地下球茎

每株10多枝；根状茎顶端着生膨大的球茎，高3～5厘米，横茎3～4厘米，呈球形或卵形。生长中的植株从叶腋抽生花梗1～2枝。总状花序，雌雄异花。

◆ 栽培

慈姑为喜温喜光植物，根状茎抽生期需28℃左右，球茎膨大期需20℃左右。用顶芽繁殖，气温15℃时萌芽生根；栽插期和茎叶生长期适温为白天25℃、夜间15℃；球茎形成期适温为10～20℃。球茎自膨大至成熟需25～40天。长日照有利于地上部生长，短日照有利于球茎膨大。生长期适宜的水深为5～10厘米。栽培时切取球茎成熟、肥

壮的顶芽进行扦插育苗，苗 3 ～ 4 片叶时定植大田。11 月当植株地上部遇霜枯萎后，即可陆续采收地下部球茎。

◆ **用途**

慈姑球茎含丰富的碳水化合物、蛋白质及钙、磷等营养物质。有特殊的食疗作用，对夜盲症、胰腺炎、糖尿病、气管炎、尿路感染等有一定的辅助治疗作用。

茼　蒿

茼蒿是菊科茼蒿属一年生或二年生草本植物。又称同蒿、蓬蒿、蒿菜、菊花菜、塘蒿、蒿子秆、蒿子、蓬花菜、桐花菜。以嫩茎、叶供食用。原产于中国，南北各地都有栽培。

◆ **形态和类型**

茼蒿茎高可达 70 厘米，不分枝或自中上部分枝。叶长而肥厚，全缘或羽状深裂，裂片呈倒披针形，叶缘锯齿状或有深浅不等的缺刻。叶腋分生侧枝。春季抽薹开花，头状花序，黄白色或深黄色。

依叶的大小及缺刻深浅分为大叶茼蒿和小叶茼蒿。大叶茼蒿叶片大而肥厚，缺刻少而浅，呈匙形，绿色，有蜡粉；茎短，节密而粗，淡绿色，质地柔嫩，纤维少，品质好；较耐热，

茼蒿

但耐寒性差，生长慢，成熟略晚；适宜南方地区栽培。小叶茼蒿叶狭小，缺刻多而深，绿色，叶肉较薄，香味浓；茎枝较细，生长快；抗寒性较强，但不太耐热，成熟较早；适宜北方地区栽培。

◆ 栽培

茼蒿性喜冷凉，不耐高温干旱，生长适温为 20℃ 左右，12℃ 以下生长缓慢，29℃ 以上生长不良。中国长江流域春、秋两季播种，秋播产量较高。华北地区则因主食嫩茎而多在早春播种，以促进抽薹。华南地区多在秋冬栽培。一般以露地直播为主，也可移栽。有的地区秋季干旱，用发芽和幼苗生长较快的萝卜或小白菜种子与茼蒿混播，可起遮阴作用。茼蒿出苗后，即拔除萝卜和小白菜秧。播种后 40 ～ 50 天即可收获。苗高 13 厘米左右开始间拔，采收一二次后，可留二叶进行摘梢采收，促其陆续发生新梢。主要病虫害有立枯病、叶斑病、菌核病、菜螟和蚜虫。

◆ 用途

茼蒿营养丰富，富含维生素、胡萝卜素及多种氨基酸，具有养心安神、稳定情绪、降压护脑、防止记忆力减退、消肿利尿、清肺化痰、预防便秘、促进食欲、去除胆固醇等多种功效。其食用方法多样，如清炒、凉拌、茼蒿炒鸡蛋、茼蒿炖带鱼等。

芋

芋是天南星科芋属多年生（在温带和亚热带常作一年生栽培）湿生草本植物。又称芋芳、芋头、毛芋。古称蹲鸱、莒、土芝。主要以球茎供食用。

◆ **分布和起源**

芋起源于中国、印度和马来西亚等亚洲热带地区。在世界上的栽培面积以中国为最大，主要分布于珠江流域及台湾地区，其次是长江及淮河流域。

◆ **形态和类型**

芋的根为白色肉质纤维根，根毛少，吸收力较弱。叶互生于茎基部，叶长25～90厘米、宽20～60厘米，多为盾状长心形，叶柄长40～180厘米。芋多为无性繁殖，很少开花。鲜有开花品种，其花序柄常单生，短于叶柄。

中国栽培的芋有2个变种：①叶柄用变种。叶柄细嫩可供食用，球茎不发达或品质低劣不可食，如水芋类型的广东省红柄水芋、旱芋类型的四川武隆叶菜芋等。②球茎用变种。球茎肥大，地下球茎圆形、椭圆形或圆筒形，节上腋芽可发育成新的球茎，母芋上可长出子芋，再长出孙芋、曾孙芋等。依母芋和子芋的发达程度以及子芋的

芋球茎剖面

着生习性分为3个类型：①魁芋类型。食用部分以母芋为主，质地为粉质，香味浓。②多子芋类型。子芋大而多，质优于母芋，质地一般为黏质。可分水芋及旱芋两个副型。③多头芋类型。母芋与子芋及孙芋无明

显差别，质地介于粉质与黏质之间，一般为旱芋。有的品种也可发育成匍匐茎，在其顶端膨大成球茎。

◆ **栽培**

芋喜高温多湿环境，不耐旱，较耐阴，并具有水生植物的特性。种芋在 13 ～ 15℃开始发芽，生长适温 20℃以上。球茎在短日照条件下形成，发育最适温为 27 ～ 30℃。水田或旱地均可栽培。水芋多栽于水田、低洼地或水沟，旱芋多栽于土层深厚、湿润的土壤中。播种时，选母芋中部着生的饱满子芋作种，多头芋则切成小块。旱芋可直播，水芋必须育苗。主要病害有软腐病、疫病、污斑病，害虫有斜纹夜蛾、芋单线天蛾、朱砂叶螨等。

◆ **用途**

芋的球茎富含淀粉（10% ～ 25%）及蛋白质（2% ～ 3%），可作蔬菜，也可代粮；还可晒成芋干食用，做芋泥罐头；也是淀粉和酒精的原料。芋叶柄和花（柄）亦可作为蔬菜或饲料。此外，芋的块茎、叶及叶柄、花均可入药。

莴 苣

莴苣是菊科莴苣属一年生或二年生草本植物。以绿叶或肉质茎供食用。原产于地中海沿岸。埃及古墓出土的文物证明公元前 4500 年已有长叶型莴苣栽培。结球莴苣是在地中海一带演变而成，汉代或唐太宗时从西亚传入中国；后演变成茎用莴苣，因其肉质茎肥嫩如笋，故通称莴笋。9 世纪传到日本。茎用莴苣和叶用莴苣在中国南北各地均有栽培。

◆ 形态和类型

莴苣的根垂直直伸。茎直立，单生，上部圆锥状花序分枝，全部茎枝白色。基生叶及下部茎叶大，不分裂，倒披针形、椭圆形或椭圆状倒披针形，长 6 ～ 15 厘米，宽 1.5 ～ 6.5 厘米，顶端急尖、短渐尖或圆形，无柄，基部心形或箭头状半抱茎，边缘波状或有细锯齿；向上的叶渐小，与基生叶及下部茎叶同形或披针形；圆锥花序分枝下部的叶及圆锥花序分枝上部的叶极小，卵状心形，无柄，基部心形或

莴苣

箭头状抱茎，边缘全缘，全部叶两面无毛。叶和茎有淡绿、绿和紫红等色，叶面平展或皱缩，全缘或缺刻。圆锥形头状花序，花黄色，自花授粉。

莴苣分为叶用和茎用两个类型。叶用莴苣可分为：①结球莴苣。叶片较大，叶片光滑或微皱缩，生长后期心叶形成叶球，呈圆球形或扁圆形。②直立莴苣。叶狭长而直立，一般不结球或心叶抱合成圆筒状。③皱叶莴苣。叶深裂，叶面皱缩，不结球或心叶结成松散叶球。茎用莴苣叶片较狭，先端尖或圆，幼苗叶片着生于短缩茎上；生长后期茎伸长、肥大；食用部分由茎和花茎两部分组成。

◆ 栽培

莴苣喜冷凉，较耐寒。种子在 4℃时即可发芽，以 15 ～ 20℃为宜，30℃以上发芽受阻。多采用育苗移植。叶用莴苣在中国长江流域及其以

北地区以春播和秋播为主，华南地区多在秋冬播种；茎用莴苣主要在春、秋栽培。病害有霜霉病、软腐病、菌核病等，害虫有蚜虫、蓟马等。

◆ 用途

莴苣叶、茎组织中乳管分泌的乳状液含有多种有机化合物，如糖、橡胶物质、有机酸、树脂、甘露醇、蛋白质及莴苣素等。莴苣素有苦味，具催眠镇痛作用。叶用莴苣多生食；茎用莴苣除鲜食外，还可腌制或干制。

苦 瓜

苦瓜是葫芦科苦瓜属一年生攀缘草本植物。又称凉瓜、锦荔枝、癞瓜。苦瓜起源于东南亚热带地区，广泛分布于热带、亚热带及温带地区。中国自南宋开始已有 700 多年栽培历史，以南方地区栽培较多，尤其在华南地区，苦瓜是最重要的蔬菜之一。

◆ 形态特征

苦瓜的根系发达。茎蔓性，易生侧蔓，卷须纤细，长达 20 厘米。叶掌状 5～7 深裂，长、宽均为 4～12 厘米，光滑无毛。花单性，雌雄异花同株，单生叶腋，花梗纤细，被微柔毛，长 3～7 厘米，花冠黄色。浆果，纺锤形、短圆锥形或长圆锥形，表面有光泽，并布满条状和瘤状突起。因果肉含有一种糖苷而具苦味。

◆ 生长习性

苦瓜喜温、耐热，不耐霜冻。种子发芽适温为 30℃，幼苗生长适温为 16～25℃，开花结果最适温度为 25～30℃，更高温度下仍能正常生长和开花结果。喜湿，但不耐涝。属短日性植物，但多数品种对日照长短要求不严格。喜光，开花结果期尤需较强光照。

◆ 栽培

苦瓜在中国长江流域一年一茬，华南地区春、夏、秋均可栽培。直播或先行育苗，深沟高畦栽培，畦宽 80 ～ 90 厘米。幼苗 3 ～ 4 片真叶时定植，根据品种特性确定种植密度，一般株距 30 ～ 35 厘米，行距 70 ～ 80 厘米，亩栽 1500 ～ 2500 株。主蔓长到 40 ～ 50 厘米时，及时进行整枝、打杈、吊蔓。高温季节花后 2 周即可采收果实。

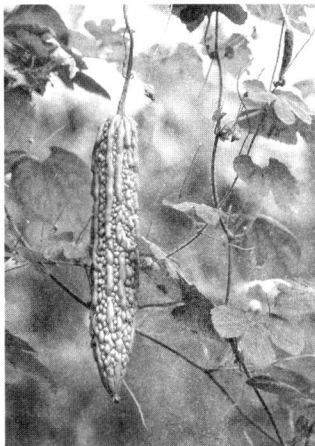

苦瓜

◆ 用途

苦瓜是一种药菜两用植物，嫩果果肉柔嫩、清脆，苦味适中，可炒、煎、烧、焖、蒸、炖或煮汤。用其榨汁，可做成清凉饮料。富含苦瓜多糖、皂苷、多肽、黄酮类化合物等多种活性成分，具有辅助降血糖、降血脂、抗氧化、增强免疫力及预防肥胖等保健功能。

鱼腥草

鱼腥草是三白草科蕺菜属多年生宿根草本植物。又称蕺菜、侧耳根、折耳根、狗贴耳、臭菜。以嫩茎叶作蔬菜或调味品。

◆ 分布

广泛分布于亚洲东部和东南部。中国中部、东南至西南部各省区，东起台湾地区，西南至云南、西藏，北达陕西、甘肃等地均有野生分布，生于沟边、溪边或林下湿地。人工栽培主要在长江流域以南，尤其在西南地区栽培较多。全株均可食用，搓碎有鱼腥气味，是一种药食兼用的保健型蔬菜。

◆ 形态特征

鱼腥草高 20 ～ 50 厘米。茎上部直立，常呈紫红色，下部匍匐，节上轮生小根。单叶互生，心形、卵形或阔卵形，长 4 ～ 10 厘米，宽 2.5 ～ 5 厘米，叶柄细长，基部与托叶合生成鞘状；嫩时绿色，老时微

鱼腥草嫩茎

带紫，背面常呈紫红色。穗状花序顶生，白色或黄棕色，长约 2 厘米。雄蕊长于子房，花丝长为花药的 3 倍。蒴果卵圆形，长 2 ～ 3 毫米，顶端有宿存的花柱。

◆ 生长习性

鱼腥草适应温度范围广，地下茎耐寒性强，-5℃可安全越冬，12℃时地下茎开始生长并出苗；生长前期适温 16 ～ 20℃，地下根茎成熟期适温 20 ～ 25℃。阴性植物，怕强光，忌干旱，喜温暖潮湿环境。对土壤要求不严格，以沙质壤土、沙土为宜，在微酸性沙质壤土或腐殖质丰富的土壤条件下生长较好。在长江中下游地区可以正常越冬。

◆ 栽培

野生鱼腥草可周年分批采收，春、夏季采摘嫩茎叶，秋冬挖掘地下

茎。人工栽培多采用无性繁殖。冬季挖取地下茎,用湿沙分层掩埋越冬;春季发芽前,将种茎剪成 5～10 厘米长的小段,每段带 2～3 芽,条栽,开沟深 8～12 厘米、宽 13～15 厘米,按 10 厘米×30 厘米株行距将茎段平放于沟中,覆土 2～3 厘米;也可春季即挖即栽。以后每年秋、冬季挖掘地下茎时不要捡净,留下一部分,翌年气温回升时即萌发出苗。及时进行拔草、松土、间苗、追肥等管理,可连续采收多年。

◆ 用途

鱼腥草常凉拌,地下根茎可炒或炖汤。全株可入药,是鱼腥草注射液的主要原料药。有清热、解毒、利水之效,可治肠炎、痢疾、肾炎水肿及乳腺炎、中耳炎等。

魔 芋

魔芋是天南星科魔芋属多年生草本植物。别称磨芋。古称蒟蒻。以地下球茎供食用。

◆ 分布

魔芋起源于东半球热带雨林和亚热带季风林地区。今喜马拉雅山以东各亚洲国家,南起赤道线上雨林气候区的印度尼西亚,北止中国北纬36°的宁夏、陕西季风气候影响区均有分布。魔芋属有 163 个种,分布于亚洲和非洲。中国西南、华南、台湾等地栽培较多。

◆ 形态和类型

魔芋球茎呈扁球形,顶芽肥大,商品魔芋一般横径 10～14 厘米,大者 23～27 厘米,含有毒生物碱,不能生食,经煮后则无毒。球茎侧芽可长成子球茎，上中部可长出根状茎，其顶端或中部发出新球茎，大如指头。母球茎、子球茎和根状茎均可作繁殖器官。新植株长成后，基部形成新球茎，之后老球茎和根状茎的养分为新球茎所消耗殆尽。叶三全裂，再羽状分裂或二歧分裂后又羽状分裂，最后形成一片大型掌状复叶，高度和幅度均可超过 1 米；叶柄圆柱形，光滑粗壮，淡红至黄绿色，有的具绿褐斑块；叶片深绿。花为肉穗花序，能结浆果和"种子"，两年生植株可能开花，但一般一棵植株当年若开花则不长叶，长叶则不开花。

中国所产魔芋能食用的有：①花魔芋。食用魔芋中栽培较广的一种，在陕西汉中平原、四川及华南各省普遍栽培。②东川魔芋。产于云南东北部。③疏毛魔芋。中国特有，产于江苏、浙江、福建大部分地区。④疣柄魔芋。产于广东、广西南部、云南南部海拔 750 米以下热带地区。此外，四川西部产的白魔芋肉色洁白，品质优良。

◆ 生长习性

魔芋喜温暖湿润，在年平均温度 14 ～ 20℃、无霜期 240 天以上的地区均能种植。球茎 15℃以上开始萌发，18 ～ 20℃时地上部生长旺盛，22 ～ 25℃最适合球茎膨大。适于肥沃湿润、富含腐殖质的土壤。耐阴，多种植于房前屋后、林边缘坡地或沟边。

◆ 栽培

产区大面积栽培时多与玉米等高秆作物间作。以母球茎或子球茎繁殖，底肥和追肥相辅相成，农家肥和复合肥兼顾。3 月播种，10 月可采收。主要病害为魔芋软腐病和白绢病，主要害虫有蚜虫、叶蝉、斜纹夜蛾、豆天蛾、蛴螬和蝼蛄。

◆ 用途

魔芋含葡甘聚糖，有降低血清胆固醇的作用。其淀粉膨胀力达80～100倍，可加工成"魔芋豆腐"。此外，还可用作微生物的培养基，浆纱、造纸用的黏合剂，以及瓷器的涂料等。医药上可外用，有解毒消肿之功效。

山 药

山药是薯蓣科薯蓣属一年生或多年生缠绕藤本植物的统称。又称薯蓣、白苕、脚板苕、山薯、大薯。

◆ 分布和类型

薯蓣属植物在全世界约有600种，可供食用且广泛栽培的有山药、甜薯、参薯、日本山药、白薯莨、黄独、圆山药、黄山药、三裂叶山药等。按起源地可分为亚洲群、非洲群和美洲群。中国是山药重要原产地和驯化中心，中国栽培的山药属于亚洲群，有普通山药和田薯2个种，各有3个变种或类型。普通山药又称家山药，包括佛掌薯、棒山药和长山药3个变种；田薯又称大薯、柱薯，根据块茎形状分为扁块种、圆筒种和长柱种3个类型。

山药地下块茎

◆ 形态特征

山药地上茎细长，可达3米以上；地下块茎肉质，有长圆柱形、短圆柱形、掌状或团块状等。薯皮褐色，表面密生须根，肉质洁白。多为单叶，互生或对生，叶三角状卵形至三角状广卵形，先端突尖，基部戟状心形；叶柄长，叶腋发生侧枝或形成气生块茎（称零余子或山药豆）。穗状花序，花小，单性花，雌雄异株。蒴果。

◆ **栽培**

山药喜温、怕霜冻，耐旱、忌涝，能耐阴。忌连作。栽培以土层深厚、肥沃、排水良好的沙壤土最为适宜。可用地下块茎或气生块茎繁殖，一般早春终霜前栽植，适时搭支架，秋末冬初霜降时收获。主要病害有根结线虫、炭疽病、斑枯病、褐斑病，主要害虫有蝼蛄、蛴螬、小地老虎和沟金针虫等。

◆ **用途**

山药是中国传统药食同源食物，富含蛋白质和碳水化合物，菜用可炒食、煮食等，还可代粮。干制品可入药，性甘、平，具有补脾养胃、生津益肺、补肾涩精之功效。

芫　荽

芫荽是伞形科芫荽属一年生或二年生草本植物。又称胡荽、香菜、香荽。以嫩叶作调料蔬菜食用。原产于地中海沿岸及中亚地区。汉代张骞出使西域时引入中国，8～12世纪传入日本。中国南北地区都有栽培。

◆ **形态特征**

芫荽植株高20～100厘米。根呈纺锤形，细长，白色，主根较粗大，侧根发生不规则。根生叶长5～40厘米，叶片一或三回羽状全裂，羽片广卵形或扇形半裂，长 1 ～ 2 厘米，宽 1 ～ 1.5 厘米，边缘有钝锯齿、缺刻或深裂；上部的茎生叶三回至多回羽状分裂，末回裂片狭线形，长 5 ～ 10 毫米，宽 0.5 ～ 1 毫米，顶端钝，全缘。伞形花序顶生或与

芫荽

叶对生，花序梗长 2 ～ 8 厘米；伞辐 3 ～ 7，长 1 ～ 2.5 厘米；小总苞片 2 ～ 5，线形，全缘；小伞形花序有孕花 3 ～ 9，花白色或带淡紫色。果实圆球形，背面主棱及相邻的次棱明显；胚乳腹面内凹；油管不明显，或有 1 个位于次棱的下方。

◆ **栽培**

芫荽性喜冷凉，能耐 -1 ～ 2℃ 的低温，但也能耐热。生长适温 17 ～ 20℃，超过 20℃ 生长缓慢，30℃ 则停止生长。芫荽对土壤要求不严，但土壤结构好、保肥保水性强、有机质含量高的土壤有利于芫荽生长。长日照能促进发育。在短日照条件下，须经月平均气温 13 ～ 14℃ 以下的较低温度才能抽薹开花，故在日照较短、天气凉爽的秋季（南方是秋末冬初）栽培时，茎、叶的产量高、品质好。中国多数地区以秋播为主，一般是作畦种植。苗高 3 ～ 4 厘米时除草疏苗，保持苗距 5 ～ 8 厘米。出苗后 50 ～ 60 天收获。主要病害有菌核病、叶枯病、斑枯病、根腐病和白粉病。

◆ **用途**

芫荽具特殊香味，是中国生熟菜肴的调味品。营养丰富，含维生素C、

胡萝卜素、维生素 B_1、维生素 B_2 等，其中胡萝卜素含量在蔬菜中名列前茅；含有丰富的矿物质，如钙、铁、磷、镁等；其挥发油含有甘露糖醇、正葵醛、壬醛和芳樟醇等，可开胃醒脾；此外，还含有苹果酸钾等。中医学上以其果实入药，有祛风、透疹、健胃及祛痰等功效。种子含油量达 20%～30%，可提炼芳香油。

瓠 瓜

瓠瓜是葫芦科葫芦属一年生攀缘草本植物。又称瓠子、蒲仔、蒲瓜、夜开花、葫芦、扁蒲。以嫩果、幼梢、叶供菜食。原产于非洲南部低地，主要分布在热带非洲、印度次大陆、东南亚等地。在中国广泛分布，以长江以南为主，是中国夏季重要的瓜类蔬菜之一。

◆ **形态和类型**

瓠瓜根系强大，须根发达，对水肥吸收力强。茎为蔓性，长可达 3～4 米，分枝性强。单叶，互生，叶片呈心形，上面有茸毛。雌雄异花同株，有时也产生两性花。瓠瓜花夕开晨闭，洁白耀眼，所以又名"夜开花"。果实形状非常丰富，有圆形、梨形、葫芦形、直筒形、长棒形、牛腿形等，还有很多中间类型；皮色有绿白、浅绿、深绿；果实重量可分为极小果、小果、中果、大果。

按果实形态、大小分为 5 个变种：①长瓠子或蒲瓜。果实长圆筒状，长 50～70 厘米，直径 6～10 厘米，上下粗细几乎相等，也有呈棒槌状的。②长柄葫芦。果实先端为圆球状，近果梗一端有细长的果颈。③杓蒲。又称大葫芦。果实圆球形至扁圆形，老熟果可作瓢。④细腰葫芦。又称葫芦。果实中段有一"细腰"，两端均呈圆球形。⑤观赏葫芦。又称小葫芦。果实长仅 10 厘米左右，有一细腰或一长果颈。

◆ **生长习性**

瓠瓜为喜温、耐热、喜光作物，性喜温暖湿润气候。种子发芽适温为 25 ～ 30℃，幼苗在 20 ～ 25℃条件下生长良好；蔓叶生长和开花结果都以 25℃左右最为适宜，15℃以下开花授粉不良，影响坐果，或坐果后果实发育缓慢。属短日照作物，但大多数品种对日照要求不严格。根系发达，吸水肥能力强，但蔓叶繁茂，蒸腾面积大，果实大，消耗水分多，生长发育需要充足的水分条件。

瓠瓜

◆ **栽培**

直播或育苗移栽,亩种800～1000株。侧蔓结瓜为主,主蔓长到5～6片叶时第一次打顶摘心，保留上部 2 ～ 3 个健壮子蔓，其余子蔓留 1 ～ 2 个瓜后摘心。瓠瓜生长很快，一般花谢后 15 天左右，瓠瓜皮色变淡而略带白色，肉质坚实带有弹性时商品性最佳，应陆续采收上市。

◆ **用途**

瓠瓜营养丰富，嫩果可炒食或煮汤，是夏季餐桌上的日常佳蔬。具有一定的药用价值，可利水通淋、止渴清热，是治疗水肿、痔漏下血、血崩、带下等疾病的良药。种子可治支气管炎、肠炎。熟果壳可制容器、乐器及用于观赏，亦可入药。

四棱豆

四棱豆是豆科四棱豆属一年生或多年生宿根草质缠绕藤本植物。又称翼豆、翅豆、四角豆、香龙豆、杨桃豆。主要以嫩荚、嫩叶作蔬菜食用。

◆ 分布

四棱豆分布于亚洲南部、大洋洲、非洲等地，在巴布亚新几内亚和缅甸有较大规模的生产，在东南亚以及印度、孟加拉国、斯里兰卡也有广泛栽培。中国主要分布在低纬度的南部至西南部温暖地区，以云南、贵州、广西、广东、台湾和海南等地种植较广，多种植在房前屋后和菜园角边地；湖南、河南、北京、浙江、江苏、安徽、福建等地也有种植；北方城市近郊有零星引种种植。

◆ 形态特征

四棱豆根系发达，深70厘米左右，侧根水平伸展40～50厘米，近地表的侧根横向生长膨大形成块根，块根纺锤形，一年生植株单株可形成块根1千克左右，以后逐年增多。茎光滑无毛，圆柱形，绿色或绿紫色，长2～3米或更长。羽状复叶具3小叶；小叶卵状三角形，长5～15厘米，宽4～12厘米，全缘，托叶卵形或披针形。总状花序腋生，长10～15厘米，有花2～10朵；花序梗长5～15厘米。花萼绿色，钟状，萼筒5裂；花单生或2～3朵簇生。荚果阔线形，有纵向四棱，棱带皱边，形状如翼，故又称翼豆，长15～30厘米，宽2～3.5厘米，翅宽0.3～1厘米，边缘具锯齿。每荚有种子8～17粒，白、棕、黑或杂以各种颜色，近球形，直径 0.6～1 厘米，光亮，边缘具假种皮。

◆ **生长习性**

四棱豆喜温暖、多湿气候条件，不耐寒，对霜冻敏感。种子 11℃开始萌发，最适发芽温度为 26～29℃，开花结荚适宜温度为 20～25℃，17℃以下结荚不良，10℃以下停止生长。属短日照植物，对光照长短反应敏感，尤其是晚熟类型，长日照条件下营养生长旺盛而不能开花结荚。有一定的抗旱能力，但不耐长久干旱，尤其开花结荚期对干旱敏感；对土壤要求不严格，较耐瘠薄，不

四棱豆

耐涝，在深厚、肥沃的沙壤土中生长良好，能获得最佳产量和品质。不耐盐碱，适宜 pH 为 5.5～7.0。

◆ **栽培**

春季播种，可直播也可育苗移栽，早春采用薄膜保温育苗。种植密度为株距 40～50 厘米，行距 70～80 厘米，每亩 2000～2500 株，及时搭架引蔓。开花后 15 天左右即可采收嫩荚，45 天后种子成熟。

◆ **用途**

四棱豆的种子、花、嫩豆荚、叶、块根都可食用。嫩叶、花、荚可炒食、凉拌、做汤、做馅；豆荚还可盐渍、作酱菜等；块根鲜炒作菜或提取淀粉。种子和地下块根主要作粮食，茎叶是优良的饲料和绿肥。四

棱豆营养价值极高,含多种氨基酸,且氨基酸组成合理,种子赖氨酸含量比大豆高。维生素 E、胡萝卜素、铁、钙、锌、磷、钾等成分的含量均较高,是补血、补钙、补充营养的极好来源,属保健型蔬菜。叶片、豆荚、种子及块根均可入药,对冠心病、动脉硬化、脑血管硬化、不孕、习惯性流产、口腔炎症、泌尿系统炎症、眼疾等疾病有治疗作用。

豆瓣菜

豆瓣菜是十字花科豆瓣菜属二年生水生草本植物。又称西洋菜、水蔊菜、水田芥。以幼嫩茎叶供食用。原产于欧洲。栽培种于 19 世纪引入中国,以广东、广西、福建、台湾等地栽培较多。

◆ 形态和类型

豆瓣菜株高30～50厘米,须根系植物,再生能力强。茎中空,分枝多,茎节易生不定根,匍匐生长。叶互生,奇数羽状复叶,小叶卵圆形或近圆形。总状花序,花小,白色。荚果,每荚内有种子20～40粒。种子小,扁圆形,黄褐色,千粒重0.15～0.25克。

栽培的豆瓣菜有开花和不开花两类,主要有 3 个品种:①广州豆瓣菜。小叶卵形,深绿色,在华南地区不开花结实,用种茎无性繁殖,产量较高。②百色豆瓣菜。小叶近圆形,深绿色,春季开花结实,以种子进行有性繁殖,生长快,产量高。③大叶豆瓣菜。从

豆瓣菜

英国引进的品种，植株粗大，叶片大，小叶圆形，春季开花结实，种子繁殖产量高。

◆ **栽培**

豆瓣菜喜冷凉湿润的环境，不耐旱，不耐热，生长适温为20～25℃，高于30℃或低于10℃生长缓慢。生长期要求充足的光照，喜肥沃、潮湿的沙质壤土，适宜 pH 为 6.5～7.0。栽培时采用嫩茎扦插或种子播种育苗。长江中下游地区，在 3 月至 4 月上旬和 8 月上旬至 9 月扦插或播种，待幼苗株高达 15～20 厘米时，开始移栽定植，一般行距 10 厘米、株距 5～6 厘米，移栽后 30～40 天即可采收嫩茎和叶。若温度合适，一年四季均可栽培。设施栽培条件下，冬季保温覆盖，夏季遮阳降温，能实现全年上市供应。主要病害有叶枯病、锈病，主要为害害虫有小菜蛾、蚜虫和黄条跳甲。

◆ **用途**

豆瓣菜富含蛋白质、维生素 C（80～124 毫克/100 克鲜样）和矿质元素钙、钾以及微量元素铁、硒等，适合制作沙拉生食、炒食、煲汤或涮食，还可制成清凉饮品或干制品。其性味寒凉，具有清燥润肺、止咳化痰、利尿消肿等保健功效。

苋　菜

苋菜是苋科苋属一年生草本植物。又称雁来红、老少年、老来少、三色苋、青香苋、玉米菜、红苋菜、千菜谷、红菜、荇菜、寒菜、汉菜。以嫩茎和叶作蔬菜食用，花可供观赏。

◆ **分布**

苋菜原产于中美洲和亚洲热带、亚热带地区。苋属植物有 50 多个种。中国是苋菜原产地之一，甲骨文中有"苋"字。此外，还在墨西哥发现了公元前 4000 年印第安人食用的苋菜种子。栽培历史悠久，是世界最古老的农作物之一。栽培苋菜可按用途分为菜用苋和粒用苋两类。

◆ **形态特征**

苋菜根较发达，分布深广。茎高 80 ～ 150 厘米，有分枝。叶互生，卵形、菱状卵形或披针形，长 4 ～ 10 厘米，宽 2 ～ 7 厘米，绿色或红色，紫色或黄色，或部分绿色夹杂其他颜色，顶端圆钝或尖凹，具凸尖，基部楔形，全缘或波状缘，无毛；叶柄长 2 ～ 6 厘米，绿色或红色。叶色多样，分为绿苋、红苋和彩色苋 3 个类型。

苋菜

◆ **栽培**

苋菜喜高温，耐热力强，较其他绿叶菜耐旱，但不耐低温，生长适温为 23 ～ 27℃。适应性强，中国及世界各地都有分布。有的地区育苗移栽，以采收肥大茎为目的。苋菜生长期 30 ～ 60 天，在中国各地的无霜期内可分期播种，陆续采收。主要病虫害有白锈病、茎基腐烂病和根结线虫病。

◆ 用途

苋菜植株与种子内蛋白质含量较高，分别占叶片鲜重的 4.6% 和种子重量的 12% ～ 18%，其中人体必需氨基酸的含量平衡，生理价值较高；大部分植物中含量偏低的蛋氨酸和丝氨酸在苋菜蛋白质中含量都较丰富。味鲜美，多作蔬菜鲜食，也可取肥大肉质茎腌食。粒用苋又称千穗谷，种子可磨粉作粮食。

蕨 菜

蕨菜是凤尾蕨科蕨属多年生宿根性草本植物。又称蕨苔、拳头菜、猫爪、龙头菜。以未展开的幼嫩叶芽供食用。原产于中国和日本，中国东北、华北、西北、西南等山区均有分布。生长于稀疏针阔混交林中，多为野生采集食用。

◆ 形态特征

蕨菜株高 60 ～ 100 厘米，根状茎，与地面呈水平横走，匍匐生长，根茎上着生不定根。新生叶上部向内卷曲，被绒毛，展开后为三回羽状复叶，革质，叶柄长、无毛；此后叶缘向里曲卷，着生红褐色子囊群，子囊内含大量孢子。在中国分布较广，种类很多，按产地可分为辽宁、河北、内蒙古、

蕨菜

黑龙江、贵州等地蕨菜。

◆ 栽培

蕨菜喜温和气候环境，但宿根极耐寒，生长适温为15～20℃。喜光，常生长于山区、荒坡、河边等地的向阳坡上。适应性强，适宜土层深厚、富含有机质、湿润肥沃、通气良好、pH为6.5～7.0的土壤。多采用匍匐的根茎进行无性繁殖，选择芽多、饱满的粗壮根茎切成25厘米的小段，埋入10～15厘米深的土中或湿沙中储存。春季栽培时，在畦面上开5～10厘米深的定植沟，行距60～80厘米，将种苗的根状茎按株距20厘米顺沟平放，覆土后，盖稻草或地膜保温保湿。蕨芽苗出土后及时去除覆盖物，除草松土，促进幼苗生长。当新茎长到20～25厘米，小叶尚未展开且呈拳钩状时即可采收，可连续采收4～5次。

◆ 用途

蕨菜是中国主要的野生蔬菜，被称为"山菜之王"，富含碳水化合物（约10克/100克鲜样）、蛋白质（约1.6克/100克鲜样）、胡萝卜素、氨基酸、胆碱、维生素A以及微量元素等，营养价值较高，食用方法多样，兼有食用、药用价值。嫩叶芽可鲜食、盐渍或加工制成干菜；地下茎可制淀粉（蕨粉），还可酿酒。入药具有安神、祛风、利尿、解热等保健功效。

水　芹

水芹是伞形花科水芹属多年生宿根草本植物。又称水蕲、水英、楚葵。以嫩茎、叶及叶柄供食用。原产于亚洲东部，中国为其起源地之一。

日本、印度、东南亚各国都有分布。中国长江流域各省都有栽培，为水生蔬菜的一种。水芹在中国栽培有水芹和中华水芹两个种。

◆ 形态特征

水芹须根细而白。茎分地上茎和匍匐茎，中空，每叶节都有腋芽，匍匐茎茎节易生不定根。奇数二回羽状复叶，小叶对生，叶片卵形、楔形、菱形或披针形，叶缘齿状或波状，叶柄细长，绿色。复伞形花序，花小，白色或浅桃色。果实为双悬果。种子发育不良，不适于繁殖。

◆ 栽培

水芹喜冷凉，较耐寒，生长期适宜温度为20℃左右。喜潮湿，怕干旱，生长期需充足的水分。秋冬短日照条件下发生茎叶，营养生长旺盛；春夏长日照条件下抽薹开花。适宜在土层深厚、富含有机质、中性黏质土壤种植。一般夏秋栽培，冬春收获。采用分株繁殖或匍匐茎段繁殖。早熟水芹栽后60天左右采收，迟者收至翌年3月初。采收时带根拔去，洗净后整理成束

水芹

上市。为获得质地软嫩、色泽晶莹的芹白，水芹栽培须进行软化，可采用深栽软化、深水软化、覆土软化、深培土软化等措施。

◆ 用途

水芹含有较多的胡萝卜素、维生素C及钙等营养物质。除作为蔬菜凉拌、炒食外，还有药用价值，具有清热解毒、宣肺利湿、降血压等

功效。

芥　菜

芥菜是十字花科芸薹属一年生或二年生草本植物。芥菜是中国特产蔬菜，欧美各国极少栽培，多样性中心在中国。《礼记》有"鱼脍芥酱"的记载，可见中国早在周代已用其种子作调味品。

◆ **形态和类型**

芥菜主侧根分布在约 30 厘米的土层内，茎为短缩茎。叶片着生在短缩茎上，有椭圆、卵圆、倒卵圆、披针等形状，叶色绿、深绿、浅绿、黄绿、绿色间紫色纹或紫红。中国的芥菜主要有 4 种类型 16 个变种：①叶用芥菜。二年生，有 11 个变种，即大叶芥、小叶芥、白花芥、花叶芥、长柄芥、凤尾芥、叶瘤芥、宽柄芥、卷心芥、结球芥和分蘖芥。②茎用芥菜。二年生，有 3 个变种，即茎瘤芥、笋子芥、抱子芥或儿芥。③根用芥菜。又称大头菜。二年生。④薹芥。又称天菜或葱菜。二年生，花茎肥大。

◆ **栽培**

芥菜喜冷凉润湿，忌炎热、干旱，稍耐霜冻。适于种子萌发的旬平均温度为 25℃，适于叶片生长的旬平均温度为 15℃，最适于食用器官生长的温度为 8 ～ 15℃；但茎用芥菜和结球芥（包心芥）食用器官的形成要求较低的温度，一般叶用芥菜对温度要求不严格。一般采用育苗移栽。幼苗受蚜虫为害可感染病毒病，常用反光银灰色塑料薄膜做成有间隔的条状小棚覆盖育苗加以防治。

◆ 用途

芥菜含有硫代葡萄糖苷，经水解后产生挥发性的异硫氰酸化合物、硫氰酸化合物及其衍生物，具有特殊的风味和辛辣味。新鲜的芥菜除含硫胺素、核黄素和烟酸外，每 100 克鲜重约含维生素 C 40 毫克，含氮物质 12%。茎用芥菜经加工制成榨菜后，其所含的蛋白质分解成 16 种氨基酸，其中谷氨酸最多，故滋味鲜美，以中国重庆和浙江的榨菜最为著名。叶用芥菜如大叶芥的叶片或中肋、叶瘤芥的叶柄、包心芥的叶球、分蘖芥的分蘖以及其他类型的芥菜，都可鲜食或加工。例如，四川的冬菜和芽菜、贵州的盐酸菜、福建的糟

芥菜

菜和腌菜、广东惠阳的梅菜、浙江的雪里蕻等就是芥菜的叶柄、短缩茎或花薹幼嫩部分的加工品；潮州咸菜是包心芥的加工品；云南大头菜则是根用芥菜的加工品。芥菜的种子可磨研成末，供调味用。

佛手瓜

佛手瓜是葫芦科佛手瓜属多年生宿根草本植物。又称瓦瓜、拳头瓜、安南瓜、寿瓜、丰收瓜、洋丝瓜、合手瓜、土耳瓜、万年瓜。以果实、嫩茎叶、卷须、块根供食用。

◆ 分布

佛手瓜原产于墨西哥、北美洲和西印度群岛。19 世纪初由日本传

入中国，中国南方地区均有种植，以云南、贵州、浙江、福建、广东、四川、台湾地区居多，全国其他地区也有种植。

◆ **形态特征**

佛手瓜根系发达，一年生侧根长达 2 米以上；根系分布范围广，吸收肥水能力强，耐旱。多年生的佛手瓜生长进入第 2 年后，在不十分炎热的地区可形成多个肥大的块根。茎蔓性，攀缘性强，主蔓可长达 10 米以上。分枝能力强，几乎每节上都有分枝，分枝上又有 2 次、3 次分枝。节上着生叶片和卷须。叶片互生，掌状五角形，全缘，叶

佛手瓜

面粗糙，有茸毛。雌雄同株异花；雄花一般出现在子蔓上，雄花序的轴长 8～18 厘米，为瘦长的总状花序，花色浅绿色或白色，雄蕊 3 枚，离生，每花序一般着生雄花 10 朵；雌花开花迟于雄花，一般开在孙蔓上，单生，每节位上只有 1 朵，少量有 2～3 朵，萼片、花冠均 5 裂，冠缘淡绿色，子房上位。果实为梨形果，有 5 条长须状沟，似握起的拳头；果皮为白色或绿色，果肉有香味，单果重 50～500 克，单株结瓜可多达 900 个以上，通常单株结瓜 200～500 个。种子粒大、扁平、卵形，单个果实内只含 1 粒种子。

◆ **栽培**

佛手瓜喜温暖，不耐热，不耐寒。适宜的生长温度为 20～23℃，高于 35℃植株生长受到明显抑制，地温 5℃以下根即枯死。属于短日照

植物，长日照条件下花芽不分化，不能开花结实。较耐阴喜湿，土壤须保持潮湿；对光照要求不严，弱光下也能正常生长；适于在土质肥沃、保水保肥的土壤上栽培。生产上常采用育苗移栽。坐瓜后15～20天要及时采收，一般每2～3天采收一次。选择开花后40～50天完全成熟果作为留种瓜。采收嫩梢时，在15～20厘米处摘下。

◆ 用途

佛手瓜以嫩瓜为主要食用器官。嫩茎叶也可食用，称为龙须菜。地下块根富含淀粉，也是食用器官。可炒食、凉拌、做汤、做馅。蛋白质、钙、维生素、矿物质含量丰富，热量较低，且属于低钠食品，经常食用可利尿排钠，有扩张血管、降压的功效。

荆 芥

荆芥是唇形科荆芥属多年生植物。别称香荆荠、线荠、四棱秆蒿、假苏。以嫩茎叶供菜用。

荆芥自中南欧经阿富汗，向东一直分布到日本，在美洲及非洲南部逸为野生。在中国产于新疆、甘肃、陕西、河南、山西、山东、湖北、贵州、四川及云南等地；多生于宅旁或灌丛中，海拔一般不超过2500米。

◆ 形态特征

荆芥株高40～150厘米，茎直立，四棱形，被白色短柔毛，基部木质化，多分枝。叶对生，卵状至三角状心形，近轴面黄绿色，被极短硬毛，远轴面略发白，被短柔毛。叶柄细弱，长0.7～3厘米。轮伞花序，多轮密集于枝端呈穗状。花小，叶片状苞片，小苞片钻形，细小。花萼开花时管状。花冠二唇形，白色，下唇有紫点，外被白色柔毛，内面在喉部被短柔毛。雄蕊 4 枚，2 强。子房无毛。小坚果卵形，三棱状，灰褐色。花期 7 ~ 9 月，果期 9 ~ 10 月。

◆ 栽培

荆芥适应力很强，性喜阳光，多生长在温暖湿润的环境中。对土壤要求不严，但以疏松、肥沃的土壤为好。高温多雨季节怕积水，短期积水会造成死亡。一般采用种子繁殖，在 4 月播种。种子在 15 ~ 20℃即可发芽，生长适温为 20 ~ 25℃，幼苗能耐 0℃左右的低温。荆芥耐高温，较耐寒，但 -2℃以下会出现冻害，

荆芥花序

忌连作。苗期要求土壤湿润，怕干旱和缺水。成苗期喜干燥的环境，雨水多则生长不良。

◆ 用途

荆芥富含芳香油，鲜嫩的茎叶可以随时采收。生食熟食均可，但以凉拌为多，一般将嫩尖作夏季调味料。荆芥味辛，微苦，性微温，具有祛风、解表、透疹、止血的功能。全株可入药。药用采收茎叶宜在夏季孕穗而未抽穗时采收，芥穗宜于秋季种子 50% 成熟、50% 还在开花时采收。选晴天露水干后用镰刀割下全株阴干，即为全荆；摘取花穗晾干，称荆芥穗；其余地上部分由茎基部收割、晾干，即为荆芥梗。选留种株

时，待种子充分成熟后再收割，放在半阴半阳处晾干，干后脱粒，除去茎叶等杂质后收藏。

马齿苋

马齿苋是马齿苋科马齿苋属一年生肉质草本植物。在热带为多年生。又称长命草、马齿菜、五行草、瓜子菜等。以嫩茎叶供食用。原产于印度，广布温带和热带地区。中国自古有野生采食习惯，台湾、北京等地已开始人工栽培。

◆ 形态特征

马齿苋株高 10 ～ 35 厘米，茎直立或匍匐，圆柱状，绿色或红色。叶呈倒卵形或匙形，互生或近于对生。茎叶光滑无毛，肉质。花着生于枝端，白色或黄色、红色、紫色。蒴果。种子细小，扁圆球形，千粒重 0.5 克左右。

◆ 栽培

马齿苋喜温暖湿润气候条件，怕霜冻，温度在 18 ～ 25℃时产品质量最佳。既喜光，也耐阴。既抗旱，也耐涝。对土壤要求不严，但在肥沃、保水性好、富含有机质的沙壤土中易获高产。整个生育期前期以氮肥为主，中后期钾肥需求增多，磷肥能使叶片变厚。除野生种外，荷兰还育成栽培品种大叶马齿苋（又称荷兰菜）。多以种子繁殖，春季于

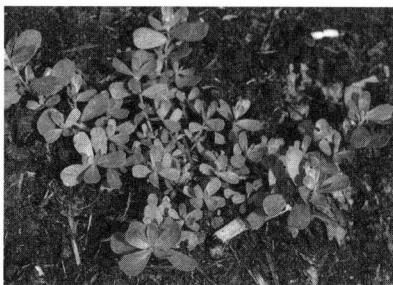

马齿苋

晚霜过后、秋季于 8 月直播或育苗移栽；也可在高温季节进行扦插繁殖。株高 20 ～ 25 厘米时开始采收。

◆ 用途

马齿苋含有维生素 A、维生素 B_1、维生素 B_2 及磷、钾等营养物质，还含有去甲肾上腺素，能促进胰岛素分泌，并具有解毒消炎、利尿止痛等保健功效。可凉拌、炒食、煲汤，干品还可做馅。

蒲　菜

蒲菜是香蒲科香蒲属多年生宿根草本植物。又称香蒲、甘蒲、蒲蒻、草芽。原产于中国。世界各大洲均有分布，唯中国自古就作菜用栽培，最早的记载见于《诗经》。在中国广为分布，为水生蔬菜的一种。

◆ 形态和类型

蒲菜是须状根系。茎短缩，并具地下葡匐茎。叶披针形，细长扁平，具有很长叶鞘，叶鞘层层抱合形成假茎，对生于短缩茎上。花序为肉穗圆筒状。结小坚果。种子细小，发芽力弱。

菜用蒲菜分为食用根状茎、食用假茎、食用短缩茎 3 种类型，分别以根状茎、幼嫩假茎、短缩茎供食用。蒲菜在中国栽培有两个种：宽叶香蒲和水烛。前者以根状茎供食，如云南建水草芽；后者以幼嫩假茎供食，如淮安蒲菜、明湖蒲菜等。食用短缩茎的品种如元谋席草笋。

◆ 栽培

蒲菜喜温暖湿润，生长适温为 15 ～ 30℃，不耐寒。属长日照作物，在长江流域 5 ~ 6 月抽茎开花，抽茎开花后植株即老化，应及时拔除。适宜在富含有机质、保水好的壤土或黏壤土种植，并保持浅水层。不耐浓肥。采用分棵繁殖。夏秋季分次采收。蒲菜假茎可

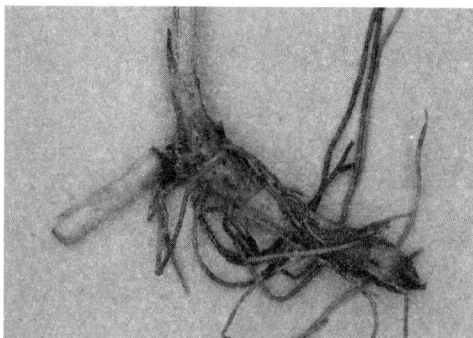

蒲菜的根

用刀收割或用手拔。收获后切取 40 ~ 60 厘米的假茎，剥去外叶捆扎成束后上市。以根状茎作为食用器官的，在定植后 20 ~ 25 天即可开始采收，之后根据生长情况每 7 ~ 10 天采收一次。蒲菜种植 3 年后，根状茎相互缠绕，生长势变弱，应在第 4 年予以更新、换茬。

◆ 用途

蒲菜含有粗纤维和丰富的矿物质，可炒食、烩制、清蒸、做汤等。也有一定的药用价值，蒲菜幼苗有"主治口中烂臭、坚齿明目""生啖止消咳""熟食补中益气、和血脉"等功效。

蛇　瓜

蛇瓜是葫芦科栝楼属一年生蔓性草本植物。又称蛇豆、长栝楼。以嫩果供食用。原产于印度、马来西亚，广布东南亚各国和澳大利亚等地。中国南方有种植，北方较少栽培。

◆ 形态特征

蛇瓜根系较发达。茎蔓生，具 5 条纵棱，茎节有卷须，分枝性强。

叶掌状，5～7裂，互生。茎叶均被茸毛。雌雄异花同株，腋生，雌花单生，雄花总状花序，花均白色。果实棒状或长条状，长30～100厘米，直径3～5厘米，果面光滑、被蜡质、灰白色，伴有绿色纵条纹，成熟果火红色伴有褐色纵条纹，肉浅绿色。种子近长方形，浅褐色，千粒重200～250克。

◆ 栽培

蛇瓜喜温暖气候，耐热，不耐寒。较耐贫瘠，也较耐肥。喜湿润，也较耐干燥。对土壤要求不严。品种类型按果实不同长度分为长条型和短棒型，后者更适于市场销售。采用种子繁殖。多于春季或夏秋季栽培，先在保护地或防雨遮阳设施中播种育苗，春季终霜后定植，夏季播后约25天定植，夏秋季收获。

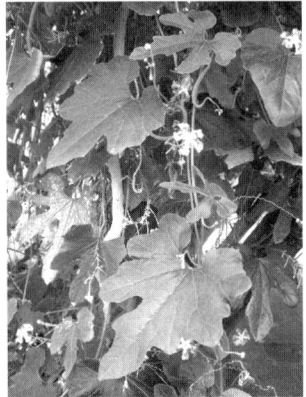

蛇瓜

◆ 用途

蛇瓜含有较多的碳水化合物和蛋白质，并具有特殊清香。可炒食、煲汤，也可作饲料或观赏用。

荠 菜

荠菜是十字花科荠菜属一二年生草本植物。又称护生草、菱角草、地米草、扇子草。以嫩叶供食用。原产于中国，遍布世界温带地区。中国自古野生采食，最早的记载见于2000多年前的《诗经》。20世纪初在上海开始人工栽培。

◆ 形态和类型

荠菜根系分布浅，须根不发达。根出叶塌地丛生，广披针形至长椭圆形或羽状分裂，叶面被绒毛，叶柄具叶翼。总状花序，顶生或腋生，花小、白色。短角果，倒三角形、扁平。种子极小，卵圆形，黄色，千粒重 0.09 克。喜冷凉、湿润，耐寒性强；喜晴朗天气。荠菜按不同叶形有板叶和花叶之分，前者耐热、高产，后者耐抽薹。

荠菜

◆ 栽培

荠菜对土壤要求不严，采用种子繁殖。以秋季露地栽培为主，7 月下旬至 10 月播种，9 月至翌年 3 月下旬收获；也可进行陆地春播或保护地冬春季栽培。

◆ 用途

荠菜营养价值很高，富含胡萝卜素（约 3.2 毫克 /100 克鲜样）和钙（约 420 毫克 /100 克鲜样）等。具有利尿、止血、止痢、清热及明目等保健功效。荠菜味道清香甘甜，炒食、煲羹汤、做菜馅、包馄饨、凉拌、煮菜粥等均可。

牛　蒡

牛蒡是菊科牛蒡属二年生至多年生草本植物。又称大力子、东洋参、东洋萝卜、蝙蝠刺、恶实。以根和叶作蔬菜食用。原产于亚洲，中国自古以来南北各地均有野生分布，早期以种子作药用。公元 940 年前后传入日本，在日本经改良形成优良品种后又引入中国。

◆ 形态特征

牛蒡株高 1.5 ～ 2.0 米。茎直立，基部直径 2 厘米，上部多分枝，表面有纵沟，密被贴生的柔毛。肉质根圆锥状或棍棒状，长 50 ～ 80 厘米，直径 3 ～ 5 厘米，营养生长期茎短缩，花茎直立。叶片肥厚呈心形或宽卵形，尖端钝状或急尖状，长 30 ～ 40 厘米，宽 25 ～ 35 厘米，叶背密生白色茸毛，叶柄长，茎部微红、嫩香柔软，可供食用。花为头状花序，淡紫色，雄蕊 5 枚，与花冠裂片互生，冠毛短，浅褐黄色，雌蕊 1 枚。瘦果长倒卵形或长圆形稍弯曲，两侧扁，灰褐色或灰黑色，

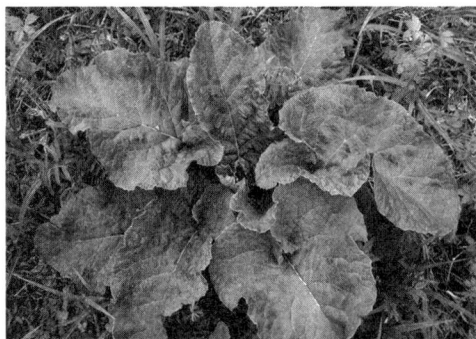

牛蒡

具暗色斑点，长 5 ～ 6 毫米。开花 1 个月后种子成熟。种子为长纺锤形，暗灰色，千粒重 12 克。花期 7 ～ 8 月，果期 8 ～ 9 月。

◆ 生长习性

牛蒡喜温暖湿润气候，种子发芽及植株生长适温为 20 ～ 25℃。一定的光照条件可促进种子发芽，种植时覆土宜薄。地上部耐寒力弱，3℃以下即枯死，地下部分耐寒性强，直根越冬，翌春萌芽生长。属绿体春化型作物，当根直径 3 ～ 9 毫米时即感受低温影响，5℃左右低温达

1400 小时以上，再给予 12.5 小时以上的长日照，可促进花芽分化并抽薹开花，故在良种繁育中常采用 2 年或 3 年采种法。属喜光植物，强光照及长日照条件下植株生长健壮，发育良好。为深根性作物，对土壤有严格的要求，适于在表土深厚、排水良好、土壤肥沃的壤土地块种植。不耐涝，连续淹水 2 天，直根将出现腐败现象。忌连作，旱地栽培，须轮作 4 ～ 5 年。

◆ **栽培**

种子繁殖，春秋两季播种，以直播为主，也可育苗移栽。行株距为 70 厘米 ×60 厘米，亩种 1500 株。春播的当年秋冬季采收，秋播在第二年夏秋季采收，秋季采用设施栽培的可提前至第二年春季采收。当肉质根粗度在 2 厘米以上、长 70 厘米以上时即可采收，也可根据市场情况适当提前或延迟收获。

◆ **用途**

牛蒡的营养较为丰富全面，膳食纤维、精氨酸、天冬氨酸、镁、铁、锌、铜等元素及维生素 C、维生素 B_6 等含量较高，是一种较好的天然营养食品。肉质根作菜，以文火炖汤（与排骨或鸡等）最常见，味道鲜美，食之如肉；还可做汤、炒肉、炸食或作配菜等。牛蒡根、茎叶、果实（牛蒡子）均可供药用，具有降血糖、降血压、降血脂、治疗失眠及提高人体免疫力等功效。

百 合

百合是百合科百合属多年生草本植物的总称。其地下鳞茎由许多肉

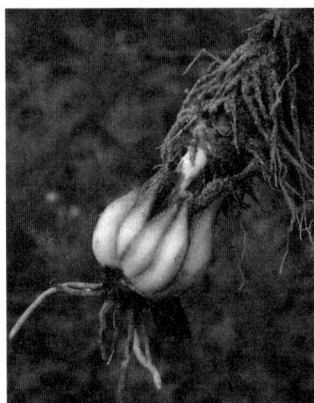

百合鳞茎

质鳞瓣相互抱合而成，可供食用。

百合是著名的球根花卉。全属 80 余种，中国产 41 种。中国汉代《神农本草经》中就有百合可供药用的记述，西方则一直把百合花当作圣洁的象征。远古时代欧洲克里特岛人的花瓶和壁画上绘有百合花，以后在匕首柄和寺庙柱顶上也屡见百合花的雕刻装饰。16 世纪末，英国植物学家整理了欧洲原产的百合种类。17 世纪初至 18 世纪，美国和中国原产的百合先后传入欧洲，尤其是 20 世纪初中国的王百合等传去后，在欧美掀起了百合栽培与育种的高潮。中国的百合栽培以南京、宜兴、兰州较著名。

◆ **形态和种类**

百合地下鳞茎外无皮膜，鳞瓣肉质。地上茎不分枝。叶披针形或线形。花漏斗状，单生或总状花序。花被 6 裂，颜色有白色、红色、橙色、橘红色、洋红色或紫色，有的具赤褐色斑点。常有芳香。

中国的主要栽培种类有：①百合。鳞茎白色，鳞片狭长肥厚，散展。茎高 0.7 ～ 1.5 米。花 1 ～ 4 朵，乳白色，略带紫褐晕，芳香。产于中国南北广大地区，作食用百合栽培。②兰州百合。茎高 1 ～ 2 米，鳞茎扁圆，味甜。花序有花 10 ～ 40 朵，花朵下垂，反卷，鲜红或橘红色，有香气。原产于甘肃南部，作食用百合栽培。③卷丹。鳞茎广卵状球形，白色微黄。味微苦。茎高 0.8 ～ 1.5 米，夏季开花，橙红色，内具紫黑斑点。中国广泛分布，以太湖流域栽培较多；也见于朝鲜、日本及西伯利亚南部。作食用百合栽培。④麝香百合。鳞茎球状或扁球形，较小，黄白色。茎高 0.4～1 米。叶多，散生。夏季开花，白色，基部洒绿晕，具浓香。原产于琉球群岛，中国华南、华东、北京有栽培。⑤王百合。鳞茎大而带红色。茎高 1.0～1.8 米，纤细，洒紫晕。夏季开大喇叭状花 2～9 朵，近水平，乳白而外面略洒浅紫晕，芳香。抗病性强。原产于中国四川西北山谷中。⑥山丹。鳞茎卵形，白色，可食。茎高 30～60 厘米，有毛。花数朵，较小，向上开放，呈星形，夏季开花，红色而无斑点。原产于中国中部及东北。

◆ 栽培

百合耐寒而不耐热，多数喜冷凉、湿润的半阴环境。适宜富含腐殖质、排水良好的微酸性土，其中王百合略能耐碱性土，卷丹较耐阳光照射。以分球繁殖为主。可用经 2～3 年培养、已达花龄的子球作种球。有些种类能形成种子的，可播种繁殖，一般需 5～6 年才能达花龄，少数种类（如王百合、麝香百合等），1～2 年即可开花。如采用促成栽培（提前或缩短栽培周期的一种栽培方式），须在秋季栽于温室内，保持 10℃左右的较低温度；新芽出土后给以全光照并升温至 15℃，12～13 周后可开花。病害很多，主要有细菌性软腐病、立枯病等。

◆ 用途

百合用作园林观赏植物时，高大者宜与灌木等配植成丛，栽于常绿树前；中高者适于在疏林下成片栽植，也可栽作花境背景；低矮者宜配植作花境、花坛前沿或散植于林缘、岩石园；也可盆栽观赏。因其梗长花大，还适合作切花；但须剪除花药，以免污染衣服。鳞茎富含营养，其干、鲜品及加工制品可供食用或入药。

冰　菜

冰菜是番杏科日中花属一年生草本植物。又称水晶冰菜。以叶片和嫩茎作蔬菜食用。原产于南非，因叶子表面有盐颗粒，看似冰霜，故名冰菜。在非洲、亚洲西部和欧洲都有分布。

◆ 形态特征

冰菜株高 30 ～ 50 厘米，须根系，根系发达。茎为圆柱形，半蔓生，生长初期直立型，后期匍匐生长，分枝力强，从叶腋发生侧枝，新枝再次形成多级侧枝。叶片扁平，互生，为肉质叶，卵形或长匙形，基部几乎呈心形，紧抱茎，边缘波状，有发亮颗粒，下部叶有柄。花单个腋生，直径约 2.5 厘米；几乎无梗；花瓣多数、线形，比萼片长，带白色或浅玫瑰红色；花柱数 5，丝状，柱头数 5。蒴果 5 室，裂瓣脊有翅。

◆ 栽培

露地或设施栽培。土壤选用沙壤土与草炭土混合，华北地区可在 2 ～ 3 月春播，也可在 8 ～ 9 月秋播。春栽时，若室外温度低于种子发芽要求的温度，可先在温室内育苗，待长出 2 片真叶后移植室外。秋季栽培时，若收获期前室外温度已不适合冰菜生长，为保证正常收获，可进行防寒保温处理。由于冰菜的种子小且较硬，所以在播种前宜将种子在 20 ～ 30℃的温水中浸泡 3 小时左右再播种。播种 5 天即可发芽。如果是直播，发芽后，幼苗长出多片叶子时开始间苗。播种后半月左右根系长出，长度可达 15 厘米；播种 30 天后根部变粗变壮。当幼苗长出 2 ～ 3 片叶时进行选苗，初选每穴留 2 株，待长出 4 片叶时保留 1 株长势最好的，其余疏除。定植时株距保持在 30 ～ 50 厘米。

播种后的日间温度以 20℃左右为宜，温度较低时可使用透明塑料薄膜覆盖，促进升温。秋天播种时会受高温的影响导致发芽率降低，须保持育苗棚室经常通风，使环境温度适当下降。幼苗期注意水分管理，遵循"见干才浇，浇则浇透"的原则。

　　冰菜喜光照，在光强 3000 ～ 14000 勒克斯条件下均可生长。适度强光可促使叶片增厚，增强植株长势。栽培过程中，在正常的环境温度下应进行全光照栽培。冰菜生长适宜温度为 15 ～ 30℃，不耐高温，夏季栽培可采用遮阳网降温，注意及时通风、降温、除湿。冰菜较耐干旱，不耐涝，栽培过程中要注意控制水分，浇水以"见干见湿"为宜。如果栽培期间水分过大，则形成的结晶颗粒少，作为食材自身咸味淡，口感差。定期

冰菜

用 200 毫摩 / 升氯化钠（NaCl）溶液进行灌溉处理，可促进冰菜植株生长，并提高其口感和食用价值。土耕栽培以基肥作为主要肥力来源，在生长期穴施少量复合肥。水耕栽培后期应每 15 天左右结合浇水补充液体肥料，浓度以 2% 左右为宜。冰菜苗期栽培过程中主要出现猝倒病，表现为幼苗基部出现水渍，并很快扩展、溢缩变细呈细线状，病部不变色，病势发展迅速，子叶仍为绿色，萎蔫前即从茎基部（或茎中部）倒伏而贴于床面。细菌性、真菌性病害表现为基部真叶腐烂，茎秆黄化，皮层水渍化，同时腐烂向上蔓延，严重时导致植株死亡。

◆ **用途**

冰菜作为功能性蔬菜的新特品种，由于对盐碱土地具有极强的适应性，加之茎叶脆嫩多汁、滑润不腻、香味独特，且含有丰富的氨基酸和抗氧化剂，对人体有较强的保健功能而日益受到消费者的青睐。冰菜的主要食用部分是嫩茎叶，鲜嫩多汁，可拌沙拉、蘸酱、炒食等，含有对人体有益的松醇、芒柄醇和肌醇等多羟基化合物，黄酮类化合物，氨基酸，抗酸化物及钠、钙、钾等矿物质，是具备高营养价值的蔬菜，特别是其中所含的低钠盐具有良好的保健作用。

沙　葱

沙葱是百合科葱属多年生草本植物。又称蒙古韭、蒙古葱、野葱、山葱。

◆ **分布**

沙葱是中国沙区常见的一种野生植物，主要分布在陕西榆林，内蒙古毛乌素、库布齐、乌兰布和、腾格里、巴丹吉林沙漠，甘肃河西走廊，青海柴达木盆地，新疆东部等地。在蒙古国南部、俄罗斯和哈萨克斯坦也有零星分布，为蒙古高原的特有种。

◆ **形态特征**

沙葱植株直立呈簇状，株高 15～30 厘米。根黄白色。鳞茎和肉质叶簇生于茎盘上，茎为缩短鳞茎，根茎部略膨大，鳞茎圆柱形，外皮褐黄色，破裂呈松散的纤维状。叶片呈条形半圆柱状，实心，叶色浓绿，叶表覆有灰白色薄膜，叶鞘白色，圆桶状。花茎圆柱状直立，花为淡紫色或紫红色伞房花序，花薹长 15 ～ 30 厘米。种子黑色，半椭圆形。

◆ 生长习性

　　沙葱属长日照喜光植物，弱光条件下生长细弱，叶片呈灰绿色。耐旱、耐寒、耐瘠薄能力极强，遇降水时生长迅速，干旱时停止生长。生长适宜温度为 12 ～ 26℃，既耐高温也耐低温，在 10 ～ 40℃ 的温

沙葱

度下均能存活。野生条件下生长，要求较低的空气湿度和通透性较强的纯沙地。

　　沙葱叶长达 5 ～ 25 厘米时采收，首次采收后生长会逐步加快，应视其生长情况及时采收，一般 15 ～ 20 天采收一次。采用刈割方式，在傍晚或早晨为宜，刈割时应从鳞茎上部进行。

◆ 用途

　　沙葱叶为主要食用器官，可清炒、凉拌、烹调拌馅，亦可干制或腌制，其花和种子可作调味佐料。所含营养成分较全面，富含矿物质营养、必需微量元素和氨基酸。具有降血压、降血脂、开胃消食、健肾壮阳、治疗便秘等特殊功效。食之能治赤白痢、肠炎、腹泻等病，被誉为"菜中灵芝"。

千宝菜

　　千宝菜是十字花科一年生或二年生草本植物。性状似芥蓝，以嫩叶供食用。千宝菜是应用"胚培养"生物工程技术育成的"甘蓝"和"小

白菜"种间杂交种。风味独特,既有甘蓝的甜味,又有小白菜的柔嫩口感,粗纤维少。千宝菜适应性强,耐寒、耐热、耐湿,抽薹晚,抗病性强,生长期短,在适温下播种30天即可采收,栽培容易。全年均可种植,产品耐贮运,可为市民的菜篮子增添新的叶菜品种。

◆ **形态特征**

千宝菜植株开展,抽薹后植株高达150厘米。浅表性直根系,主根粗大,长13.8~19.7厘米。茎在营养生长期为短缩茎,绿色;生殖生长期抽生花薹,花茎高约1.5米。叶为食用器官,单叶互生,叶片近圆形或椭圆形,全缘,浓绿色;叶肉厚且柔软,叶面光滑,无刺瘤,有褶皱;叶柄长,叶柄切面呈半圆形,淡绿色,有叶翼2~4枚,叶片宽10厘米,长17.5厘米,展幅24.7厘米。花为复总状花序,完全花,花冠黄色,花瓣十字形排列,花瓣较其他十字花科植物大。长角果,种子粒大,圆形,黑褐色,千粒重3.5~4.2克。

◆ **生长习性**

千宝菜属于速生叶菜类,耐热、耐寒、抗病。在中国广州地区一年四季均可露地栽培,可忍耐-5℃的低温,冬性强,为绿体春化作物。冬春季栽培不易发生未熟抽薹现象。种子发芽适温25℃左右,最适生长温度20~25℃。在7~8月高温期间生长良好。对土壤条件要求不严格,耐肥,对水分需求量较多,但不耐渍,高温、雨水多时易引起叶斑病和炭疽病。千宝菜为喜光作物,充足的光照有助于植株的生长。

◆ **栽培**

千宝菜在中国华南地区全年均可栽培,在冷凉的气候环境中生长品质极佳。在南方雨季或雨水较多的地区宜作高畦栽培，以利于排水。播种前施足基肥，一般每亩施入腐熟有机肥料 1000 千克作基肥，或腐熟厩肥加入少量速效氮肥混施，耙匀作畦。撒播或条播，播后浇透水。一般播后 3 天即可出苗，要及时间苗，以避免徒长。定苗密度以 8 ～ 10 厘米见方为宜。一般每亩用种量约 0.75 千克。

千宝菜追肥以速效氮肥为主，根据生长情况掌握好"勤施、薄浇"。2 ～ 3 片真叶后及时间苗并追肥 1 次，每亩施多元复合肥 10 ～ 15 千克。5 ～ 6 片叶后视生长情况进行追肥，一般须追肥 1 ～ 2 次。千宝菜需水量较多，温度较低时适当控水；高温时要加大浇水量，保持土壤湿润；畦面以保持见干见湿为宜。

千宝菜抗病力强，生育期间少病虫为害。主要害虫有蚜虫（春季）、黄曲条跳甲（夏季）、菜青虫（秋季）。防治黄曲条跳甲可用跳甲立杀 800 ～ 1000 倍液喷雾；防治蚜虫、菜青虫可采用灭扫利、乐斯本 1500 ～ 2000 倍液等进行防治。在雨水较多的季节，可用 40% 的灭病威悬浮剂 500 ～ 600 倍液等防治叶斑病及炭疽病。

◆ 用途

千宝菜具有较高的营养价值，每 1 千克食用部分含干物质 59.4 克、固凝物 30.2 克、总酸 0.676 克、蛋白质 20.42 克、纤维素 6.25 克、还原糖 5.5 克、维生素 C 439.9 毫克、钙 1111 毫克、镁 228.1 毫克、铁 28.21 毫克、锌 16.99 毫克、锰 4.13 毫克。千宝菜风味新颖独特，嫩株质地柔软，纤维较少，可炒食、凉拌、作火锅用料，也可生食、腌渍泡菜及制作菜干等。

本书编著者名单

编著者 （按姓氏笔画排列）

王民生　　王秀良　　王德槟　　叶志彪

申书兴　　巩振辉　　刘佩英　　刘建国

安成福　　严兴洪　　杜永臣　　李锡香

杨　暹　　束　胜　　别之龙　　张应华

张昌伟　　陆勤勤　　周艳虹　　侯喜林

逄少军　　郭世荣　　郭仰东　　隋正红

蒋卫杰　　雷建军